农药科学使用 100 问

100 问

秦　萌　郭永旺　任宗杰　主编

中国农业出版社

农村读物出版社

北　京

图书在版编目（CIP）数据

图解农药科学使用100问/秦萌，郭永旺，任宗杰主编 . —北京：中国农业出版社，2022.11（2025.3重印）
ISBN 978-7-109-30058-3

Ⅰ.①图…　Ⅱ.①秦…　②郭…　③任…　Ⅲ.①农药施用-问题解答　Ⅳ.①S48-44

中国版本图书馆CIP数据核字（2022）第178531号

中国农业出版社出版

地址：北京市朝阳区麦子店街18号楼
邮编：100125
责任编辑：阎莎莎
版式设计：杨　婧　　责任校对：吴丽婷　　责任印制：王　宏
印刷：北京缤索印刷有限公司
版次：2022年11月第1版
印次：2025年3月北京第17次印刷
发行：新华书店北京发行所
开本：880mm×1230mm　1/32
印张：4
字数：95千字
定价：35.00元

>>> 编写人员名单

主　　编　秦　萌　郭永旺　任宗杰

编写人员　秦　萌　郭永旺　任宗杰　张　帅

　　　　　李永平　赵　清　王凤乐　王云鹏

前言

　　农药是科学进步的产物，是人类智慧的结晶，农药也是特殊而重要的生产资料，是确保我国农业生产安全、粮食安全和农产品质量安全不可或缺的投入品。农药的使用让人类控制农作物病虫害"天灾"的愿望得以实现，让"虫口夺粮"保丰收的目标成为现实。据联合国粮食及农业组织统计，农药的使用每年挽回全世界农作物总产30%～40%的损失。但农药的使用是一项技术性非常强的农事操作，农药使用不科学、不规范，不仅影响防病治虫效果，还会造成人畜中毒、作物药害、环境污染和农产品农药残留超标等一系列问题。

　　为正确引导农药使用者科学、安全、规范使用农药，强化农药知识与技术的普及与推广，更好地发挥农药在农业生产中的作用，减少农药的负面影响，我们组织编写了《图解农药科学使用100问》一书。本书面向广大农民，普及与提升安全用药意识与使用技能，助力乡村产业兴旺和农业绿色高质量发展。

　　《图解农药科学使用100问》主要介绍了农药基础知识、农药选购与使用要求、施药机械与专业化防治、科学安全用药技术、常用药剂介绍等内容。以图文并茂的方式对有关农药的常见问题进行解答，帮助广大农民朋友科学选药、精准施药、安全用药，实现农业生产节本增效。本书也可供基层植保工作者、农技人员、农药生产经营者和农业院校师生等相关人员参阅使用。

书中不足之处敬请读者批评指正！

编　者

2022年6月

目录

前言

第二部分　农药选购与使用要求

第三部分 施药机械与专业化防治

第四部分　科学安全用药技术

第五部分　常用药剂介绍

第一部分
农药基础知识

1 什么是农药?

农药是指用于预防、控制危害农业、林业的病、虫、草、鼠和其他有害生物以及有目的地调节植物、昆虫生长的化学合成或者来源于生物、其他天然物质的一种物质或者几种物质的混合物及其制剂。

2 农药种类有哪些?

农药的种类,从防治对象来分,可以分为杀虫杀螨剂、杀菌剂(含杀线虫剂)、除草剂、杀鼠剂、植物生长调节剂等。从来源上分,可以分为天然矿物质农药、生物源农药、有机合成农药等。有机合成农药的化学结构类型有数十种之多,主要包括:有机磷类、氨基甲酸酯类、拟除虫菊酯类、有机氮类、有机硫类、酰胺类、脲类、醚类、酚类、苯氧羧酸类、三氮苯类、二氮苯类、苯甲酸类、三唑类、杂环类、香豆素类、有机金属化合物等。

3 什么是生物源农药?

直接利用自然界存在的生物活体或生物代谢过程中产生的

具有生物活性的物质作为防治病虫害的农药，称为生物源农药，其特点是农药活性成分是自然界存在的。我国生物农药按照其成分和来源可分为微生物活体农药、微生物代谢产物农药、植物源农药、动物源农药四类。就其利用对象而言，生物源农药一般分为直接利用生物活体和利用源于生物的生理活性物质两大类，前者包括细菌、真菌、线虫、病毒及拮抗微生物等，后者包括农用抗生素、性信息素、摄食抑制剂、保幼激素和源于植物的生理活性物质等。

4 什么是植物源农药？

由植物体内提取的农药称为植物源农药。对植物体通过用水、水蒸气、有机溶剂、超临界液体等方式进行提取处理，将其有效成分提取出来，经过分离，得到具有活性的有效成分。

5 什么是微生物源农药？

来自于微生物（细菌、真菌、病毒等）的农药属于微生物源农药，包括微生物的代谢产物（分泌物、降解物）、微生物活体。

6 什么是农药商品量和折百量？

农药的商品量即制剂量，是指在市场上销售或田间使用的实物量。农药的折百量，即有效成分量，是将农药实物量与农药有效成分含量相乘得到的量。

7 农药主要用途有哪些？

①预防、控制危害农业、林业的病、虫（包括昆虫、蜱、螨）、草、鼠、软体动物和其他有害生物；②预防、控制仓储以及加工场所的病、虫、鼠和其他有害生物；③调节植物、昆虫生长；④农业、林业产品防腐或者保鲜；⑤预防、控制蚊、蝇、蜚蠊、鼠和其他有害生物；⑥预防、控制危害河流堤坝、铁路、码头、机场、建筑物和其他场所的有害生物。

8 农药在农业生产上的作用有哪些？

农业生产上使用农药，主要发挥以下作用：①防治农作物的病、虫、草、鼠等有害生物，使其免于遭受这些有害生物危害，保障农业生产顺利进行。②调节作物生长，增强抗逆性。使作物在生长、开花、结果、成熟、产量、品质方面符合人的期望；增强作物抗倒伏、抗干旱、抗霜冻、抗高温、抗涝渍等抗逆境能力。③促进作物健康，增强免疫力，改善产品品质。使作物更好地生长，增强对病虫害的抗性，降低农产品中微生物类毒素含量。

9 农药剂型有哪些？

我国目前常用的农药剂型有乳油、水乳剂、微乳剂、可溶性液剂、悬浮剂、油悬浮剂、微囊悬浮剂、可湿性粉剂、可分散粒剂、可溶性粒剂、烟剂等。具体见下表：

农药剂型	代码	农药剂型	代码
原药	TC	母药	TK
粉剂	DP	颗粒剂	GR
球剂	PT	片剂	TB
条剂	PR	可湿性粉剂	WP
油分散粉剂	OP	乳粉剂	EP
水分散粒剂	WG	乳粒剂	EG
水分散片剂	WT	可溶粉剂	SP
可溶粒剂	SG	可溶片剂	ST
可溶液剂	SL	可溶胶剂	GW
油剂	OL	展膜油剂	SO
乳油	EC	乳胶	GL
可分散液剂	DC	膏剂	PA
水乳剂	EW	油乳剂	EO
微乳剂	ME	脂剂	GS
悬浮剂	SC	微囊悬浮剂	CS
油悬浮剂	OF	可分散油悬浮剂	OD
悬乳剂	SE	微囊悬浮-悬浮剂	ZC
微囊悬浮-水乳剂	ZW	微囊悬浮-悬乳剂	ZE
种子处理干粉剂	DS	种子处理可分散粉剂	WS
种子处理液剂	LS	种子处理乳剂	ES
种子处理悬浮剂	FS	电热蚊香片	MV
气雾剂	AE	防蚊片	PM
电热蚊香液	LV	发气剂	GE
气体制剂	GA	蚊香	MC
挥散芯	DR	浓饵剂	CB
烟剂	FU	防虫罩	PC
饵剂	RB	驱蚊液	RQ

(续)

农药剂型	代码	农药剂型	代码
防蚊网	PN	驱蚊巾	RP
长效防蚊帐	LN	热雾剂	HN
驱蚊乳	RK	超低容量液剂	UL
驱蚊花露水	RW		

10. 什么是农药毒性，农药毒性分几级？

农药以接触、食入、吸入动物体内引起危害的性质及可能性即为农药的毒性。农药毒性分急性毒性和慢性毒性。急性毒性是指药剂经皮肤或经口、经呼吸道一次性进入动物体内较大剂量，在短时间内引起急性中毒。慢性毒性是指供试动物在长期反复多次小剂量口服或接触一种农药后，经过一段时间累积到一定量所表现出的毒性。

农药的毒性通常用动物半数致死剂量或浓度（LD_{50}或LC_{50}）大小表示，农药的LD_{50}或LC_{50}值越小，毒性越大。我国农药的毒性分为五级，具体见下表：

毒性指标	剧毒	高毒	中等毒	低毒	微毒
经口LD_{50}（毫克/千克）	< 5	≥ 5 ~ 50	> 50 ~ 500	> 500 ~ 5000	> 5000
经皮LD_{50}（毫克/千克）	< 20	≥ 20 ~ 200	> 200 ~ 2000	> 2000 ~ 5000	> 5000
吸入LD_{50}（毫克/千克）	< 20	≥ 20 ~ 200	> 200 ~ 2000	> 2000 ~ 5000	> 5000

农药分为原药和制剂，制剂是稀释了的原药。目前我国农药商品标签上的农药毒性，是以制剂的毒性大小来分级的，原药的毒性与制剂的毒性存在明显差异，毒性高的原药，稀释成为制剂后，毒性的级别可能会降低。

11 什么是农药的毒力，毒力与药效、毒性有什么关系？

使用农药的目的是控制农林作物病、虫、草、鼠害等有害生物，农药的毒力和药效是比较和评估农药应用的最重要最基本的指标。农药的毒力是指在一定条件下某种农药对某种供试有害生物作用的性质和程度，即内在的毒杀能力。通常用杀死或抑制供试有害生物种群中50%个体的剂量或浓度来表示毒力的大小，因此又称为半数致死量或抑制中浓度。毒力的测定通常都在室内一定条件下进行，而且为了保证数据的可重复性，供试的对象通常要求保持一致的大小或龄期。农药的药效是指药剂对有害生物的作用效果，多在室外自然条件下测定，即在田间生产条件下对农作物的病、虫、草、鼠害产生的实际防治效果。

毒力是药效的基础，一般而言毒力与药效呈正相关，但是毒力高不一定等于药效好，这是由于毒力是在室内一定条件下测定而得的，而药效是田间防治的一种表现，田间的情况远比室内复杂，药效与农药本身的性质、加工的剂型、使用的环境条件（如温度、光照、湿度、土壤条件等）、施药的质量等有关。

毒性和毒力没有正相关关系，高毒农药不一定对防治对象高效，对防治对象高效的农药毒性不一定高。目前，我国农药使用以中、低、微毒为主，高毒、剧毒农药占比<1%。

12. 农药作用机理有哪些?

农药的作用机理是指农药在作用对象体内产生活性的生理生化机制,即农药在作用对象体内与哪些部位相结合而产生作用。目前农药根据作用位点的不同被分成不同的类别。联合国粮食及农业组织将杀虫剂分成了32类,杀菌剂分成了12大类44小类,除草剂分成了34类。相同类别的农药,具有相同或类似的作用机理,它们之间容易产生交互抗药性,因此,为了避免抗药性过快增长,在农药混用或者轮换使用时,最好在两种作用机理不同的成分之间进行。

13. 什么是农药"三证"?

农药三证是指农药登记证、农药生产许可证、农药产品质量标准证。

(1)农药登记证。就是农药生产企业(包括原药生产、制剂加工和分装企业)生产农药和进口农药,必须经农业农村部审核批准,并获得农药登记证及证号。

(2)农药生产许可证。是指开办农药生产企业,包括联营、设立分厂和非农药生产企业设立农药生产车间,必须具备相应的条件,并经省级农业农村部门审核批准,发给农药生产许可证或生产批准证及相应证号。

(3)农药产品质量标准证。是指国家对农药产品品质实行严格的标准化管理制度。企业产品主要执行国标、行标和企标。企业生产的产品标准必须经国家工业行政管理部门审核批准,并发给标准号。

14. 什么是农药标签?

农药标签是紧贴或印制在农药包装上的介绍农药产品性能、使用技术、毒性、注意事项等内容的文字、图示或技术资料。依据国家农药登记管理部门的规定和要求，一个合格的农药标签必须包括以下内容：农药名称、剂型、有效成分及其含量；农药登记证号、农药生产许可证号以及农药产品质量标准号；农药类别及其颜色标志带、产品性能、毒性及其标识；

购用农药　看清标签

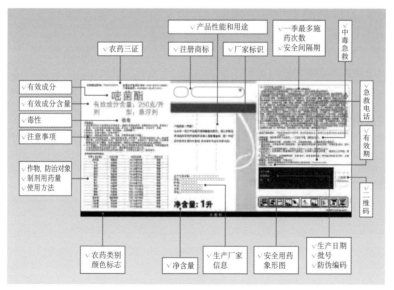

农药标签示例

使用范围、使用方法、剂量、使用技术要求和注意事项；中毒急救措施；储存和运输方法；生产日期、产品批号、质量保证期、净含量；农药登记证持有人名称及其联系方式；可追溯电子信息码；象形图；农业农村部要求标注的其他内容。农药标签上的内容应准确无误地告诉用户包装或容器内是什么药，其特性及毒性，在操作时应采取什么防护措施，何时、何处和怎样使用，如何清洗施药器械，如何贮存和处理剩余农药，生产厂家的地址、名称以及是否取得登记等事项。

15 农药包装上有多种名称，分别是什么？

农药包装上的名称有通用名称、商品名称。农药通用名称是指由全国农药标准化技术委员会规定的农药有效成分的名称，也是该药专有的名称。农药中文通用名称是指农药单制剂的通用名称，或混合制剂的简化通用名称。农药国际通用名称是国际标准化组织批准的英文农药通用名称。农药商品名称是农药生产厂家为其产品在工商管理机构登记注册所用的名称或办理农药登记时批准的商品名称，不同的农药制剂具有不同的商品名。

农药包装上的名称示例

16 农药标签上的不同颜色色带分别代表什么？

农药标签上色带的颜色表示农药不同的功能用法，以避免误用农药。按照我国农药登记部门的规定，标签上必须至少有一条与底边平行的色带，以不同颜色来表示农药的类别。红色为杀虫剂，黑色为杀菌剂，绿色为除草剂，蓝色为杀鼠剂，黄色为植物生长调节剂。

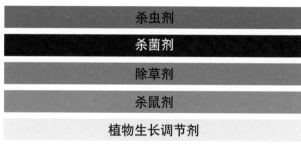

杀虫剂
杀菌剂
除草剂
杀鼠剂
植物生长调节剂

农药类别颜色标志带

17 农药标签上的图标分别表示什么？

农药标签上的图标分别用黑白两色印制，通常位于标签的底部。图标的尺寸应与标签的大小相协调，每个农药商品上图标的使用应根据使用该药时的安全措施的需要而定。

储存象形图：

表示放在儿童接触不到的地方，并加锁。所有的农药商品标签都必须使用此图标。

配药操作象形图：

表示配制液体农药，

表示配制固体农药，

表示喷药。

忠告象形图：

提醒戴手套，

提醒穿胶鞋，

提醒穿长衣长裤，

提醒穿防护服，

提醒戴防护面罩，

提醒戴口罩，

提醒戴防毒面具，

提醒用药后需清洗。

危险警示象形图：

表示对家畜有害，

表示对鱼有害。

18 什么是杀虫杀螨剂，使用注意事项是什么？

用于防治害虫、害螨的药剂称为杀虫杀螨剂。大多数害虫为昆虫，属于节肢动物门昆虫纲，其典型的特征为具有6条足，而害螨属于蛛形纲蜱螨目，一般具有8条足。由于昆虫与害螨差别较大，药剂对它们的活性有较大差别，有些药剂既能杀虫也能杀螨，有些药剂则只对昆虫或螨类有效。杀虫杀螨剂有多种分类方法，例如按照作用方式分，有触杀、胃毒、内吸、熏蒸、行为干扰（忌避、拒食、引诱、拒产卵）等类别；按照化学结构分，通常可以分为有机氯类、有机磷类、氨基甲酸酯类、拟除虫菊酯类、双酰胺类、甲脒类、杂环类等；也可以按照作用机理来分，例如可以分为乙酰胆碱酯酶抑制剂、乙酰胆碱受体抑制剂、钠离子通道调节剂、氯离子通道调节剂、鱼尼丁受体调节剂、几丁质合成抑制剂、保幼激素和蜕皮激素类、呼吸作用抑制剂等。

杀虫杀螨剂使用的注意事项：一是要做好安全用药，使用人员要注意做好防护，防止接触药液和雾滴，避免污染周边养殖场等场所，杀虫剂毒性较高的品种较多，使用不当容易产生人、畜中毒事故；二是一般可以见虫再施药，特别是对于植株地上部位害虫；三是使用时期一般要求在害虫初发期或者低龄幼虫期，对于叶部害虫，可以在达到防治指标后再用药；四是可以使用灯光、性诱剂等方式来预测害虫的高峰期，及时安排用药；五是添加喷雾助剂一般可以有效地提高防治效果；六是要做好轮换用药，轮换或交替使用不同作用机理的农药。

19 什么是杀菌剂，使用注意事项是什么？

防治作物病害的农药统称为杀菌剂，主要是指对植物病原（真菌、细菌、病毒）有毒，在一定的剂量或浓度下，具有杀死这些病原，或抑制其生长发育功能的物质，以及对病原微生物无直接毒力但能提高作物抗病能力，从而减轻或抑制病害发生的物质。有的对真菌病害有效，被称为杀真菌剂；有的对细菌病害有效，被称为杀细菌剂；有的对植物病毒有效，被称为杀病毒剂。一般所谓杀菌剂三者都包括在内。

按照作用方式，杀菌剂可以分为保护剂、内吸治疗剂、铲除剂、免疫诱抗剂等。杀菌剂还可以按照作用机理来划分种类，分为能量生产抑制剂（如巯基抑制剂、电子传递抑制剂、氧化磷酸化抑制剂、糖酵解抑制剂、脂肪酸 β 氧化抑制剂）和生物合成抑制剂（细胞壁合成及其功能抑制剂、细胞膜合成及其功能抑制剂、蛋白质合成抑制剂、核酸合成抑制剂、甾醇合成抑制剂等）。

杀菌剂使用注意事项：一是预防为主，杀菌剂一般都应该在病害尚未发生或者初发期使用，保护性杀菌剂必须在病菌侵入前使用；二是保护与治疗并重，在病害发生后，使用的杀菌剂除了需要具备治疗作用外，还应该具备保护作用，避免病菌再次侵入；三是杀菌剂的使用与降雨或田间湿度密切关联，很多病菌在降雨后往往容易发生，因此，在降雨后往往需要及时使用杀菌剂。

20 什么是除草剂，使用注意事项是什么？

用于控制杂草的农药称为除草剂。依据不同的分类方法除草剂可以划分为以下类别：

依据灭除性质来分，可以分为选择性除草剂和灭生性除草剂。选择性除草剂在不同植物之间具有选择性，只能选择性地杀死部分杂草，而不损害作物。灭生性除草剂缺少选择性，对大部分植物或所有植物都有毒害作用，能够杀灭大部分甚至全部植物，几乎可以做到"见绿就杀"。除草剂的选择性和灭生性不是绝对的，部分选择性除草剂在用量大的情况下，可能变成灭生性的；灭生性除草剂在适当的施用方法下（例如加保护罩），也能够实现选择性防除杂草的功能。

按照除草剂在杂草出苗前还是出苗后使用，除草剂可以划分为土壤封闭除草剂和苗后茎叶除草剂，其中土壤封闭除草剂可以在播前土壤处理和播后苗前土壤处理。根据除草剂的杀草范围,除草剂可分为禾本科杂草除草剂和阔叶杂草除草剂。

除草剂的分类还可以依照其是否具有内吸传导性划分为内吸传导型除草剂和触杀型除草剂。内吸传导型除草剂能够被植物吸收并在植物体内传导,因此可以有效地杀死整个植株,而触杀型除草剂只对接触到药剂的部位起作用,不易对整个植株产生杀灭作用。

除草剂的使用注意事项:①认真保管好除草剂,防止误用。除草剂包装上的标签应该保持完好,如果有腐蚀、损坏、模糊不清的,应该及时贴上标签,标明产品、用量,防止错误地当成杀虫、杀菌剂使用,或使用剂量不准确而造成药害。②要正确区分是灭生性除草剂还是选择性除草剂,不能误用;选择性除草剂中,还要区分是防除禾本科杂草的还是防除阔叶杂草的除草剂。③不能超量使用。超量使用容易使选择性除草剂的选择性下降,安全风险增加。④要注意除草剂在土壤中的残留对下茬作物的影响,使用具有长残效的除草剂,下茬种植的作物应该选择不敏感品种。⑤要避免飘移造成周边作物受害。要注意周边作物的种植情况,选择对周边作物安全的除草剂,避免因为飘移、田水排放造成周边作物受害。⑥要在使用除草剂后做好药械的清洗工作,防止药剂在喷雾器中残留而造成药害,尽量做到喷施除草剂药械专用。

21 什么是杀鼠剂,使用注意事项是什么?

用于灭杀或控制鼠类种群数量及其危害的药剂称为杀鼠剂。杀鼠剂按照不同的分类方法也可以分为几类。

按杀鼠作用的速度可分为速效性和缓效性两大类。速效性杀鼠剂也称急性单剂量杀鼠剂。其特点是作用快,鼠类取食后即可致死。缺点是毒性高，对人畜不安全，并可产生二次中毒，鼠类取食一次后若不能致死，易产生拒食性。缓效性杀鼠剂也称慢性多剂量杀鼠剂，如杀鼠灵、敌鼠钠盐等。其特点是药剂在鼠体内排泄慢，鼠类连续取食数次，药剂蓄积到一定剂量方可使鼠中毒致死，对人畜危险性较小。

杀鼠剂按来源可分为三类：无机杀鼠剂；植物性杀鼠剂，如马前子、红海葱等；有机合成杀鼠剂，如杀鼠灵、敌鼠钠盐等。

按作用方式可分为胃毒剂、熏蒸剂、驱避剂和引诱剂、不育剂四大类。

（1）胃毒剂。药剂通过鼠取食进入消化系统，使鼠中毒致死。这类杀鼠剂一般用量低、适口性好、杀鼠效果好，对人畜安全，是目前主要使用的杀鼠剂，主要品种有敌鼠钠盐、溴敌隆、杀鼠醚等。

（2）熏蒸剂。药剂蒸发或燃烧释放有毒气体，经呼吸系统进入鼠体内，使鼠中毒死亡。其优点是不受鼠取食行动的影响，且作用快，无二次毒性；缺点是用量大，施药时防护条件及操作技术要求高，操作费工，适宜室内专业化使用，不适宜散户使用。

（3）驱避剂和引诱剂。驱避剂的作用是使鼠不愿意靠近施用过药剂的物品，以保护物品不被鼠咬。引诱剂是将鼠诱集，但不直接杀害鼠的药剂。

（4）不育剂。通过药物的作用使雌鼠或雄鼠不育，降低其出生率，以达到防除的目的，属于间接杀鼠剂，亦称化学绝育剂。

杀鼠剂使用的注意事项：①目前杀鼠剂属于国家定点经营的产品，购买杀鼠剂需要到指定的门店。②灭鼠以使用慢性杀鼠剂为主，慢性杀鼠剂致死慢，不容易引起鼠类警觉，对鼠群的杀灭效果好；急性杀鼠剂虽然速度快，但是容易引起鼠类警觉，对种群的控制效果反而差。③毒饵要仔细保管和处理，防止出现人畜中毒现象。

22 在我国登记的杀鼠剂有哪些？

目前在我国获得登记且在有效状态内的杀鼠剂品种有13种，其中6种抗凝血类杀鼠剂和2种蛋白质神经毒素（C型肉毒梭菌毒素和D型肉毒梭菌毒素）实行定点经营销售。

序号	有效成分名称	备注
1	C型肉毒梭菌毒素	
2	D型肉毒梭菌毒素	
3	氟鼠灵	
4	敌鼠钠盐	
5	杀鼠灵	实行定点经营
6	杀鼠醚	
7	溴敌隆	
8	溴鼠灵	
9	雷公藤甲素	
10	莪术醇	
11	α-氯代醇	
12	胆钙化醇	
13	地芬诺酯·硫酸钡	

23 什么是植物生长调节剂，使用注意事项是什么？

植物生长调节剂是通过人工合成与植物激素具有类似生理和生物学效应的物质，用于调节作物的生育过程，达到稳产增产、改善品质、增强作物抗逆性等目的。

按照植物生长调节剂使用后对植物生育过程影响的表现，可以分为促进剂、延缓剂、抑制剂、催熟催落剂、诱导剂等。其中，促进剂包括促进植株生长、促进生根、促进萌芽、促进果实和块茎长大、促进花芽形成和开花、促进坐果、促进着色、促进糖分提高、促进蛋白质含量提高、促进脂肪含量增加等；延缓剂包括延缓植株生长、延缓果实成熟、延缓衰老（保鲜）、延长花期、延长休眠等；抑制剂包括抑制茎尖生长、抑制发芽、抑制开花、抑制花芽形成等；催熟催落剂包括果实催熟、叶片催落、疏花疏果等；诱导剂包括提高抗逆性、诱导产生雌花、诱导产生雄花、诱导形成无籽果实等。

植物生长调节剂使用的注意事项：①用量要适宜，不能随意加大用量。植物生长调节剂是一类与植物激素具有相似生理和生物学效应的物质，不能过量使用。一般每亩*用量只需几克或几毫升。随意加大用量或使用浓度，不但不能促进植物生长，反而会使其生长受到抑制，严重的甚至导致叶片畸形、干枯脱落、整株死亡。②不能随意混用。很多农户在使用植物生长调节剂时，为图省事，常将其随意与化肥、杀虫剂、杀菌剂等混用。植物生长调节剂与化肥、农药等物质能否混用，必须在认真阅读使用说明并经过试验后才能确定，否则不仅达不到促进生长或保花保果、补充肥料的作用，反而会因混合不当出现药

---

* 亩为非法定计量单位，15亩＝1公顷。全书同。——编者注

害。比如乙烯利药液通常呈酸性，不能与碱性物质混用；胺鲜酯遇碱易分解，不能与碱性农药、化肥混用。③使用方法要得当。有的农户在使用植物生长调节剂前，常常不认真阅读使用说明，而是将植物生长调节剂直接兑水使用。是否能直接兑水一定要看清楚，因为有的植物生长调节剂不能直接在水中溶解，若不事先配制成母液再配制成需要的浓度，药剂很难混匀，会影响使用效果。因此，使用时一定要严格按照使用说明进行稀释。④植物生长调节剂不能代替肥料。植物生长调节剂不是植物营养物质，只能起调控生长的作用，不能代替肥料使用，在水肥条件不充足的情况下，喷施过多的植物生长调节剂反而有害。因此，在发现植物生长不良时，首先要加强施肥浇水等管理，在此基础上使用植物生长调节剂才能有效地发挥其作用。⑤植物生长调节剂属于农药类产品，产品标示带为黄色。应严格按照说明书使用，做好防护措施，防止对人、畜及饮用水安全造成影响。

24 什么是抗药性，如何避免和延缓抗药性？

　　农业有害生物抗药性是指对药剂不敏感的个体，在有害生物群体里发展起来的现象。首先它是一个发展的概念，即一个种群中原来的大部分个体对药剂是敏感的，随着药剂的淘汰筛选，不敏感个体在种群中的占比逐步上升；其次它是一个群体的概念，是指一个种群中对药剂不敏感的个体占比的多寡或不敏感的程度。

　　抗药性的危害主要体现在几个方面：一是造成药剂防治效果下降或丧失控制效果，农业有害生物得不到有效控制而造成农业生产损失，甚至绝产。二是造成药剂的用量增加，为了有效控制病虫不得不增加农药用量，提高了生产成本、增加了农药污染，降低了对作物、农产品的安全性，对生态环境破坏增大；由于用药量增加，又导致药剂选择压加大，进而使抗药性水平加速上升，形成恶性循环。三是降低了药剂的可选择性，甚至丧失防治手段。农药的作用靶标虽然有多种，但是由于需要考虑对人、畜、环境的安全性，可以选择的防治靶标是有限的，可以说针对每一个防治靶标的农药资源是有限的，当抗药性不断产生，作用于该靶标的可用农药品种逐步减少，相当于人类逐步丧失了一种防控有害生物的手段。

避免抗药性产生或者延缓抗药性上升，需要做好以下几个方面：一是综合防治，减轻病虫害发生程度，使药剂在低剂量下就能很好地控制病虫害，减轻药剂对病虫的选择压。二是科学轮换或交替用药，采用不同作用机制的农药轮换或交替使用，减少容易产生抗药性的药剂使用频次。三是合理混合用药，采用不同作用机制的农药混合使用，互相增效，降低每种成分每次使用的剂量，降低选择压。四是使用增效剂，包括对有害生物体内解毒酶的抑制剂、药剂渗透剂和润湿、扩展剂等，增加农药到达靶标的剂量。五是针对已有抗药性的有害生物种群，换用无交互抗药性、作用机制不同的药剂。

25 我国采取了哪些措施延缓病虫抗药性的产生和发展？

针对农业有害生物抗药性的增长，我国采取了以下措施来延缓或预防。

一是开展抗药性监测。在全国的主要农作物产区，建立起具有80多个抗药性监测点的监测网络，组建了农业有害生物抗药性对策专家组，动态监测主要农业有害生物的抗药性发生发展情况，根据抗药性监测结果，及时发布推荐用药和停止用药的意见。

二是开展抗药性治理示范。针对抗药性问题较严重的病虫草等，组织基层开展抗药性治理示范，采用综合防治、轮换用药、混合用药、使用增效剂等抗药性治理措施开展治理，在获得成效的基础上进行宣传、培训与推广。

三是积极推广使用作用机制不同的新药剂，解决抗药性较高的病虫草防控难题。

全国柑橘红蜘蛛抗药性治理示范区

26 什么是药效，如何提高药效？

药效指使用农药后对作用对象产生的生物效应。影响药效的因素很多，如施药方法、施药时期、天气、病虫发生期，以及施药部位是否达到要害处，施药浓度是否达到防治要求等。要提高药效，需要配套使用高效植保机械，减少农药损失，提升农药喷施的均匀度和有效性。针对同一种病虫要合理轮换或混用农药，延缓抗药性产生。

27 什么是作物药害，有哪些症状？

作物药害是指因农药使用不当，引起植物发生各种病态反应的现象，包括由农药引起的植物组织损伤、生长受阻、植株变态、减产绝产、死亡等一系列非正常生理变化。作物药害症状一般表现为斑点、失绿、黄化、畸形、枯萎、生长停滞、脱落、裂果等。

小麦遇低温出现冻药害

嘧菌酯苹果叶片药害

氟唑菌酰胺甜瓜叶片药害

氟唑菌酰胺黄瓜叶片药害

28 禁限用农药有哪些，为什么要禁限用？

为了保障人畜生命安全、农业生产安全、农产品质量安全和生态环境安全，我国对一些农药进行了禁限用，截至2020年，我国禁限用的农药品种总共有66种，规定剧毒、高毒农药不得

禁限用农药名录

《农药管理条例》规定，农药生产应取得农药登记证和生产许可证，农药经营应取得经营许可证，农药使用应按照标签规定的使用范围、安全间隔期用药，不得超范围用药。剧毒、高毒农药不得用于防治卫生害虫，不得用于蔬菜、瓜果、茶叶、菌类、中草药材的生产，不得用于水生植物的病虫害防治。

一、禁止（停止）使用的农药（46种）

六六六	滴滴涕	毒杀芬	二溴氯丙烷	杀虫脒	二溴乙烷
除草醚	艾氏剂	狄氏剂	汞制剂	砷类	铅类
敌枯双	氟乙酰胺	甘氟	毒鼠强	氟乙酸钠	毒鼠硅
甲胺磷	对硫磷	甲基对硫磷	久效磷	磷胺	苯线磷
地虫硫磷	甲基硫环磷	磷化钙	磷化镁	磷化锌	硫线磷
蝇毒磷	治螟磷	特丁硫磷	氯磺隆	胺苯磺隆	甲磺隆
福美胂	福美甲胂	三氯杀螨醇	林丹	硫丹	溴甲烷
氟虫胺	杀扑磷	百草枯	2,4-滴丁酯		

注：氟虫胺自2020年1月1日起禁止使用。百草枯可溶胶剂自2020年9月26日起禁止使用。2,4-滴丁酯自2023年1月29日起禁止使用。溴甲烷可用于"检疫熏蒸处理"。杀扑磷已无制剂登记。

二、在部分范围禁止使用的农药（20种）

通用名	禁止使用范围
甲拌磷、甲基异柳磷、克百威、水胺硫磷、氧乐果、灭多威、涕灭威、灭线磷	禁止在蔬菜、瓜果、茶叶、菌类、中草药材上使用，禁止用于防治卫生害虫，禁止用于水生植物的病虫害防治
甲拌磷、甲基异柳磷、克百威	禁止在甘蔗作物上使用
内吸磷、硫环磷、氯唑磷	禁止在蔬菜、瓜果、茶叶、中草药材上使用
乙酰甲胺磷、丁硫克百威、乐果	禁止在蔬菜、瓜果、茶叶、菌类和中草药材上使用
毒死蜱、三唑磷	禁止在蔬菜上使用
丁酰肼（比久）	禁止在花生上使用
氟戊菊酯	禁止在茶叶上使用
氟虫腈	禁止在所有农作物上使用（玉米等部分旱田种子包衣除外）
氟苯虫酰胺	禁止在水稻上使用

农业农村部农药管理司　二〇一九年

禁限用农药名录

用于防治卫生害虫，不得用于蔬菜、瓜果、茶叶、菌类、中草药材的生产，不得用于水生植物的病虫害防治。禁限用的原因包括以下几方面：

一是对人畜高毒、剧毒的，例如甲胺磷、久效磷、对硫磷、内吸磷、特丁硫磷、磷胺、磷化镁等。

二是对人具有致癌、致畸、致突变等生物毒性的，例如杀虫脒、敌枯双等。

三是残留期长、容易被生物体富集的，如六六六、滴滴涕、艾氏剂等。

四是含有重金属的，如西力生、赛力散、福美胂等含有汞、砷等重金属元素的药剂。

五是对下茬作物危害大的，如胺苯磺隆等长持效除草剂。

六是国际条约要求的，如溴甲烷等。

七是严重影响农产品出口贸易的，如氰戊菊酯等在茶叶上限制使用。

八是残留超标严重的，如三唑磷、毒死蜱在蔬菜上限制使用。

29 使用禁用农药是否违法，发现此类行为到哪里举报？

我国《农药管理条例》规定，农药应该按照登记的作物和防治对象来使用，任何农药产品都不得超出农药登记批准的使用范围。使用禁用农药属于违法行为，发现此类行为，可以向当地的县级及以上农业农村行政管理部门举报。

30 什么是农药减量增效？

农药减量增效是通过采取病虫害综合防控措施，科学安全使用农药，避免盲目使用农药，在有效降低农药使用量的情况下，达到保障病虫害防控效果、提高农产品质量和种植者效益的目的。

农药减量增效技术措施包括：一是加强病虫监测预警。做好田间监测和调查，提升监测预警能力和水平，及时、准确、全面掌握田间病虫害发生情况，发布病虫发生消长动态，及时开展科学防治。二是强化绿色防控。推广应用农业防治、生物防治、物理防治以及环境兼容、生态友好的高效低风险农药等绿色防控技术集成模式，预防控制病虫发生。三是提高科学用药水平。推广高效低风险新药剂、新剂型，强化合理使用农药，合理添加助剂，依天气状况、作物长势、土壤条件等情况合理选择农药，确定施用方法和用量，严格遵守农药使用安全间隔期。药剂合理轮换使用，延缓病虫草抗药性产生，减少用药次数和用药量。四是使用新型高效植保机械。选用自走式喷杆喷雾机、植保无人机等高性能施药机械代替"跑、冒、滴、漏"老旧喷雾机械，提高农药利用率和作业效率。五是开展病虫害专业化统防统治。扶持专业化病虫害防治服务组织，推行植保机械与农艺配套，大规模开展统防统治，提高防治效果，减少农药用量。

小麦病虫草害农药减施增效技术万亩示范区

㉛ 什么是农药利用率，如何提高农药利用率？

农药利用率是采用喷雾法防治病虫害时，单位面积内沉积在靶标作物上的农药量占所施用农药总量的比例，即农药的沉积率。

提高农药利用率的措施：一是推广使用新型植保机械。"工欲善其事，必先利其器"，这是提高农药利用率的基础。大力推广使用自走式喷杆喷雾机、植保无人机等对靶性强、农药利用率高的新型施药机械，逐步淘汰背负式喷雾器等老旧施药机械，实现施药机械的更新换代。加强农机农艺融合，既要考虑产品的机械性能，又要适应播种与耕作实际。二是推广使用新药剂、新剂型、新助剂。使用生物活性高、用药量少的新型高效低风险农药替代有机磷类等传统老旧农药；使用水剂、油悬浮剂、微乳剂、缓释剂等新剂型替代可湿性粉剂、乳油等传统剂型；

2019年全国农药利用率测试现场

通过添加植物油类、矿物油类等喷雾（桶混）助剂，提高农药雾滴的沉积、附着、铺展、传导等性能，减少雾滴损失，提高农药利用率。三是推广使用高效精准施药技术。研究推广对靶施药、静电喷雾、循环喷雾技术等，强化防飘移技术研究与推广，实现精准施药、精准防治，提高农药利用率。四是积极开展宣传培训。围绕正确选药、安全用药、精准施药主线，对广大种植者积极开展科学安全用药技术培训与宣传，提升科学用药意识、提高精准施药能力，不断提高农药利用率。

32 什么是农药包装废弃物，有哪些危害？

农药包装废弃物是指农药使用后被废弃的、与农药直接接触或含有农药残余物的包装物，包括瓶、罐、桶、袋等。

农药包装废弃物是造成农业面源污染的重要因素之一，会对土壤等农田环境造成污染，同时也给人们造成严重的"视觉污染"。据初步调查，我国农药产品中约62%为瓶装，38%为袋装，经折算，每年产生的农药瓶和农药袋等包装废弃物约35亿~40亿个，重量约10万吨。这些农药包装废弃物如果不能及时回收处理，日复一日、年复一年，数量越积越多，对农田土壤、灌溉水和农业生态环境都将带来严重的不良影响。

田间丢弃的农药包装废弃物

33. 农药包装废弃物回收措施和方法有哪些？

《农药包装废弃物回收处理管理办法》规定，农药生产者、经营者应当按照"谁生产、经营，谁回收"的原则，履行相应的农药包装废弃物回收义务。

农药包装废弃物回收方法主要有三种模式。一是农户交回模式。主要包括：①押金返还模式。农户到经销商处购买农药，经销商除收取货款外，使用农药包装押金收退终端收取相应的押金，待农户退回农药包装物后返还押金。②折价购药模式。农户通过交回农药包装物可以折价购买农药产品。③以物换物模式。农户将用过或捡拾到的农药包装废弃物清洗之后交回回收点，可以置换农药、化肥或生活用品。④现金回收模式。按件计价、现金回收，充分调动了农民回收的积极性，有的地方已初步形成了农药包装废弃物回收产业。二是集中收集模式。在所有农资经营门店统一设置废弃物回收箱，在各行政村设置一处集中收集点，在镇垃圾压缩站设置农药包装废弃物贮存仓库，在县设置一处县级农药包装废弃物集中处置仓库，配备专人管理和专用运输车负责收集运输，探索建立了县镇村（农资经营门店）三级回收模式。三是企业回收模式。由农药生产企业负责从专业化防治服务组织回收本公司生产的大包装农药废弃物，直接实现回收再利用。

危险废物豁免管理清单（农药包装废弃物部分）

农药使用后被废弃的、与农药直接接触或含有农药残余物的包装物	收集	依据《农药包装废弃物回收处理管理办法》收集农药包装废弃物并转移到所设定的集中贮存点	收集过程不按危险废物管理

（续）

农药使用后被废弃的、与农药直接接触或含有农药残余物的包装物	运输	满足《农药包装废弃物回收处理管理办法》中的运输要求	不按危险废物进行运输
	利用	进入依据《农药包装废弃物回收处理管理办法》确定的资源化利用单位进行资源化利用	利用过程不按危险废物管理
	处置	进入生活垃圾填埋场填埋或进入生活垃圾焚烧厂焚烧	处置过程不按危险废物管理

注：引自《国家危险废物名录》（2021年版）。

农药包装废弃物回收处理仓库

农药包装废弃物回收桶

农药包装废弃物集中收贮转运站

第二部分
农药选购与使用要求

34 购买农药有哪些注意事项，如何从正规渠道购买农药？

一是选择正规经营门店。选择有农药经营许可证的农药门店，经营人员一般经过培训，懂得农药使用技术。二是要对症选药。农药可分为杀虫杀螨剂、杀菌剂、除草剂、杀鼠剂及植物生长调节剂等。它们的性能各不相同，防治对象和作用方式也有很大差异，所以要先弄清是什么病，哪种虫，然后对症买药。三是检查产品"三证"。没有"三证"的农药为假冒伪劣产品，质量没有保证，购买农药时应切记不能买"三证"不齐的产品。四是检查生产日期。农药批号表示农药出厂的日期，有效期一般为2年，超过有效期的农药势必影响药效。因此，不要购买超过有效期或没有标明有效期的农药。五是选择安全高效农药。不要购买和使用国家禁止和淘汰的农药，严禁剧毒和高毒农药在蔬菜瓜果上使用。六是检查产品质量。粉剂、可湿性粉剂出现结块、有颗粒或颜色不均，水剂出现变色、沉淀，乳油出现沉淀、变色、分层，且剧烈振荡后不能恢复至均相液体，乳剂出现分离、变色等现象，表明农药已变质或失效，不能购买和使用。

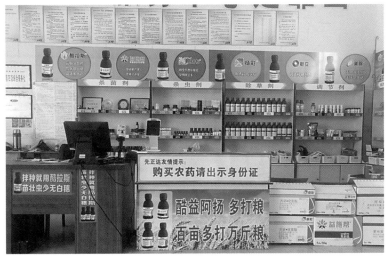

正规门店示例

35 什么是假劣农药？如何辨别假劣农药？

根据《农药管理条例》第四十四条规定，有下列情形之一的，认定为假农药：以非农药冒充农药；以此种农药冒充他种农药；农药所含有效成分种类与农药的标签、说明书标注的有效成分不符；禁用的农药，未依法取得农药登记证而生产、进口的农药，以及未附具标签的农药，按照假农药处理。第四十五条规定，有下列情形之一的，认定为劣质农药：不符合农药产品质量标准；混有导致药害等有害成分。超过农药质量保证期的农药，按劣质农药处理。

辨别假劣农药的方法：一是检查外包装、内包装是否完整，标签内容、生产日期、批号等是否齐全。二是外观形态上识别。乳油：观察是否为均一相的状态，不均一的都是劣质的，如分层、结晶等。可湿性粉剂：不结块成团，用水稀释后形成良好的悬浊液。悬浮剂：黏稠状、可以流动的液体，经存放允许分层，但经手摇动仍能恢复原状，不允许聚结成块。颗粒剂：颗粒大小和色泽均匀，无粉尘，干燥松散。

36 假劣农药有何危害，买到假劣农药如何维权?

假劣农药的危害：一是导致减产或绝收。使用假劣农药防治效果差，易造成农作物药害，导致农作物减产甚至绝收，影响下茬作物生长。二是农产品质量不合格。因使用假劣农药造成的农作物农药残留超标，导致采收后的农产品品质下降，造成农产品质量不安全，影响农民收入。三是人畜中毒。使用假劣农药易引起使用人员中毒或食用农药残留超标的农产品的人畜中毒，出现如头痛、头昏、恶心、呕吐等现象。四是污染环境。使用假劣农药容易造成水、土壤等环境污染。

维权措施：一是保留证据。保留农药购买发票、产品原样和农药使用造成危害程度的证明（保留现场待专家鉴定或提供有资质单位的鉴定证明）。二是投诉举报。向农业、工商、质检等部门投诉，书面投诉要详细写明农药购买时间、农资经营店的名称、地址、联系电话；农药的名称、生产厂家、生产日期和有效期；质量问题发生的时间、质量问题的表现及其原因；要求赔偿的方式、数额；受害人的姓名、地址、联系方式等。三是民事诉讼。受害人可以根据假劣农药使用后的受害情况，直接向当地人民法院提起民事诉讼，要求赔偿，也可在农业、工商、质检等部门协调赔偿未果后向法院提起民事诉讼，要求给予经济赔偿。

37 如何从正规渠道购买鼠药？

在我国登记的抗凝血类杀鼠剂原药为高毒，根据农业部第2567号公告规定，对高毒农药实行定点经营。根据规定，经营杀鼠剂及毒饵的单位，必须取得限制性农药经营许可证后，方可经营杀鼠剂。应到已取得合法的杀鼠剂产品经营资格门店购买鼠药，禁止从市场和流动的小商贩处购买国家禁止使用的急性鼠药。

限制性农药经营许可证样式

38 杀虫剂科学使用技术要求是什么？

（1）正确选择药剂。根据防治对象种类，一是选择高活性的药剂品种；二是选择害虫敏感性较高、抗药性较低的药剂品种；三是针对害虫特点选择针对性强的药剂品种，例如针对钻蛀性害虫，选择内吸性好、有熏蒸作用的药剂，对于高龄害虫，选择胃毒作用较强的药剂。

（2）正确选择药剂的剂型。根据防治对象的特点选择相应的剂型。例如，针对叶部害虫，选择能够进行叶面喷施的剂型；针对地下害虫，选择持效期较长的颗粒剂等剂型。

（3）正确选择施药时间。一般在害虫初发期或低龄幼虫期使用。地下害虫防治药剂在定植前或定植时使用。

（4）正确选择施药剂量。要根据害虫的发生程度、防治指标等来确定适宜药剂剂量。害虫大发生，或害虫虫龄偏大时，应该选择较高的剂量，以便快速扑灭害虫危害；害虫发生较轻，或以低龄幼虫为主，可选择较低剂量。

（5）正确选择施药方法。根据药剂的特点、剂型和防治对象选择施药方法。例如，在大田防治害虫，可以选择喷雾、喷粉等方式，防治玉米螟等害虫，还可以选择在大喇叭口撒颗粒剂的方式；在保护地等密闭的环境下，可以选择使用烟雾剂和烟剂。科学使用喷雾（桶混）助剂，提高药剂防治效果。

（6）注意保护天敌。处理好杀灭害虫与保护天敌之间的关系，在天敌繁殖的盛期，选择对天敌安全性好的药剂品种。避免使用能刺激害虫再猖獗的药剂，以避免害虫暴发成灾。

（7）注意与环境协调。部分药剂的使用效果受温度、湿度的影响较大，必须在适合的条件下才能较好地发挥效果。药剂受温度影响的现象称为感温性，温度高而效果下降的，称为具有负温度系数的药剂，反之则为正温度系数。具有负温度系数的药剂，宜选择在春、秋气温较低的时期使用，具有正温度系数的药剂，宜选择在温度较高的时期使用。高温环境下安全性差的药剂，不宜在高温季节使用。

（8）其他注意事项。避免药剂对周边养殖场产生药害；按照安全间隔期和合理用药准则使用药剂，避免残留超标。科学混用、轮换交替使用不同作用机制的药剂，避免抗药性过快产生。

使用杀虫剂防治草地贪夜蛾

39 杀菌剂科学使用技术要求是什么？

（1）正确选择药剂。根据防治对象种类，一是选择具有针对性的药剂品种，防治真菌性病害需要选择杀真菌剂，防治细菌性病害则需要选择杀细菌剂；二是选择防治对象敏感性较高、抗药性较低的品种；三是针对病害发生的阶段，选择适合的品种，尚未侵入阶段，以选择保护性杀菌剂为主，已经发病的，需要选择具有治疗效果的药剂。

（2）正确选择药剂的剂型。根据环境条件的特点，选择相应的剂型。例如，针对雨水较多的地区，宜选择耐雨水冲刷的剂型。

（3）正确选择施药时间。病害的防治一般提倡预防为主，要求在病害发生前或发生初期即开始用药；抗病诱导剂则要求在作物病害发生前施药。

（4）合理混用。病害发生后的用药，一般要求既有治疗作用，又有保护作用，一般采用保护剂＋治疗剂混用的方法来达到防治目的。

（5）正确选择施药方法。根据药剂的特点、剂型和施药环境选择施药方法。种子处理，可以采用浸种、拌种等方式；大田施药，可以选择喷雾、喷粉、灌根等方式；在保护地等密闭的环境下，可以选择使用烟雾剂、烟剂、微粉尘剂等方式。

（6）其他注意事项。按照安全间隔期和合理用药准则使用药剂，避免残留超标。轮换交替使用不同作用机制的药剂，避免抗药性过快产生。

小麦条锈病早春药剂防治

40. 除草剂科学使用技术要求是什么？

（1）正确选择除草剂，确保作物的安全性。每一种除草剂的活性、作用机制和防除对象是不同的。根据这些特性，选择合适的除草剂是提高除草剂效果的根本保证。如单子叶杂草占优势的地块，就应选择对单子叶杂草效果好的除草剂。

（2）要了解防除对象种类和特性。田间杂草种类很多，形态和生物学特性不同，对除草剂的敏感程度也不一样，即使是同一种杂草在不同生育期也有明显差别。如氟乐灵主要抑制杂草幼根和幼芽，对成株无效，因此氟乐灵就不宜在杂草出苗后应用。

（3）要了解除草剂特性和使用方法。防止乱用、误用除草剂。灭生性除草剂一般使用在果园、空地等较多，在农田使用时，要注意避免喷施或飘移到作物上。选择性除草剂要掌握好用药量，做到均匀喷雾；选择合适的使用时期；根据作物和杂草生长情况确定除草剂的使用方法，如带状施药、混合施药等；要做到先试验示范、后推广的原则，并在实践中逐步完善和提高。

（4）要注意环境条件对除草剂的影响。温度、湿度、光照和土壤条件等对除草剂的药效发挥和安全性都会产生影响。

在一般情况下，温度高时除草剂活性强，温度低时除草效果差。如除草醚在20℃以下，除草效果不好。所以在应用除草剂时，在高温情况下应减少用药量，低温时应增加用药量。

很多土壤处理剂在土壤湿度高时效果好，土壤干燥时效果差。茎叶处理剂如遇到湿度大或降雨对除草效果不利。

有些除草剂在光照强的情况下，会提高除草效果（如除草醚），有的除草剂在光照下易挥发和光解，降低药效（如氟乐灵）。

　　土壤质地和有机质含量，对除草效果和作物药害影响较大。一般在有机质含量高和黏性的土壤中，因对除草剂吸附强，除草效果差，药害也轻，用药量应相应增加。相反在沙性、有机质含量低的土壤中，除草效果好，药害也重，用药量应相应减少。

麦田施用茎叶除草剂

玉米田施用封闭除草剂

41 杀鼠剂科学使用技术要求是什么？

长效、抗凝血型杀鼠剂虽然作用慢，但鼠类取食后症状较轻，不会引起其他鼠类拒食，万一人、畜误中毒又有特效解毒药，是高效安全的杀鼠剂。针对害鼠优势种群，在害鼠繁殖危害上升的早春，进行第1次防治；第2次防治一般在9月中旬和10月上旬，此期秋收秋播正在进行，害鼠数量大，活动频繁，利于防治和减灾保苗。采取突击联合行动，实行"五统一"，即：统一组织、统一监测、统一供药、统一投放、统一检查。做到群防群治，才能有效控制害鼠。

（1）毒饵配制方法。

①敌鼠钠盐。属抗凝血型杀鼠剂，用药少，药效高，无拒食作用。用法是：首先用50克粮酒或酒精，将50克敌鼠钠盐调成糨糊状，慢慢倒入5千克开水中，边倒边搅拌，直到药粉无块状为止；再用箩筐装好50千克稻谷，洗净去秕，稍沥干，倒在事先铺好的塑料薄膜上，摊平，用喷雾器将配好的药液喷在稻谷上，边喷边拌，反复3～4次；最后将稻谷堆成长方形，收拢薄膜，密封2小时，翻动1次，再密封2～4小时即可使用。如不马上使用，可摊开晾干。饵料也可选用大米、小麦、碎玉米等。

②溴敌隆。属第2代抗凝血型杀鼠剂，比第1代抗凝血型杀鼠剂急性毒力强，使用浓度低，对对第1代抗凝血剂产生抗性的鼠种效果好。操作方法：先用0.5%母液1份加5～10倍的水，可加少量的盐、糖或高度白酒，然后将稀释液倒入100份饵料中，拌匀浸泡10小时以上，待饵料吸干药液后取出晾干即可使用；也可将塑料布垫于地上，母液稀释后将饵料拌湿，用塑料布盖上堆闷1小时左右，然后摊开晾干即可。

③溴鼠灵。又称大隆，属第2代抗凝血型杀鼠剂，杀鼠谱广，毒力强，居抗凝血剂之首。具有急性和慢性杀鼠剂的双重优点，其最大特点就是能消灭抗性鼠，但成本较高。毒饵配制方法同溴敌隆。

（2）毒饵投放方法。

①家庭灭鼠。将毒饵投放于鼠洞附近和害鼠经常出没的地方，如墙角、杂物堆附近、草垛等处。室内每15米^{2}投饵20～30克，每堆5～10克。

②野外田间灭鼠。将毒饵投放于鼠洞附近及田边、地埂、地堰等处，每亩投放100～150克，分10～15堆投放。投饵后2～3天出现死鼠，4～6天为死鼠高峰期。投饵量的多少视鼠密度高低而增减，鼠多处多投，鼠少处少投，无鼠处不投。为保证灭鼠效果，应做到药量、空间、时间三饱和，投饵后发现已被全部取食时，应及时补充投饵，以求鼠类种群均能服用致死毒饵量。

农区毒饵站示例

42 植物生长调节剂科学使用技术要求是什么？

（1）正确选择药剂。根据用药目的和作物特性，正确选择药剂品种。例如同样是生长素类调节剂，吲哚丁酸和萘乙酸在生根方面起到的作用就不同，前者偏向于促进根系伸长，后者偏向于促进根系增粗。

（2）使用剂量要适当。植物生长调节剂的性能与使用剂量有很强的相关性，往往具有低促高抑的现象。剂量不当，作用效果有时完全不同甚至适得其反，且容易造成药害。例如复硝酚钠在合适浓度下能够刺激作物生长，浓度过高就容易使叶片焦枯。

（3）使用时期要准确把握。植物生长调节剂在不同的生长时期使用，其效果相差很大，只有在植物生长的合适时期使用，才能取得明显的效果。例如，抑芽剂只有在芽萌发初期或未萌发时使用才有效果，晚了则效果差；果实膨大剂需在幼果期使用才具有明显的效果；生长延缓剂则必须在植物拔节前使用才具有效果。同一种药剂，使用剂量不同产生的效果也不同。例如，乙烯既能催熟和加快叶片黄化，同时也能促进萌芽和诱导雌花形成，取得何种效果与其使用时期和剂量有关。

（4）使用方式要适合。植物生长调节剂在作物不同部位使用效果差别很大，只有将药剂用到正确的部位，才能取得效果。例如，苗木生根剂需要蘸根和灌根使用，叶面喷施效果较差。

（5）根据温度调整用量。植物生长调节剂的效果受温度影响较大，一般是温度较高时效果较好，温度较低时影响效果发挥。因此，在温度高时应使用低剂量，在温度低时需要适当提高使用剂量。

43 什么是农用喷雾（桶混）助剂，有什么特点和注意事项？

农用喷雾（桶混）助剂是在农药使用时与农药产品一起添加在药液桶中，现混现用的一种助剂产品。农用喷雾（桶混）助剂可通过降低药液的表面张力、增加雾滴黏附与沉积、提高润湿和展布性能、溶解或渗透昆虫或植物叶片表面蜡质层、促进药剂的吸收和传导，从而达到提高农药活性的效果。

农用喷雾（桶混）助剂

使用农用喷雾（桶混）助剂注意事项：农用喷雾（桶混）助剂的不当使用或过量使用可能造成药效降低或引起药害，因此要仔细阅读农药和助剂的标签，确保所选择的助剂除了与所用的农药相匹配，也要与施药机械、靶标有害生物相匹配。农药喷雾（桶混）助剂的使用要求现混现用。

44 绿色食品生产可以使用农药吗？

绿色食品是指按照绿色食品标准要求生产的，经农业农村部绿色食品认证中心认证的，允许使用绿色食品标志的安全、优质食品。绿色食品可以使用生物源农药，不能使用化学农药。

45 有机食品生产可以使用农药吗？

有机食品是指采取有机的耕作（饲养）和加工方式生产和加工的，在生产和加工中不使用农药、化肥、化学防腐剂等化学合成物质，也不使用基因工程生物及其产品，产品符合国际或国家有机食品要求和标准，并通过国家有关部门认可的认证机构认证的农副产品及其加工品。有机食品不能使用农药。

46 无公害食品生产可以使用农药吗？

无公害食品是指按照无公害食品生产标准和产品标准要求生产的，产品的质量指标达到无公害食品的质量要求，并通过农业农村部有关单位认证的产品。无公害食品可以使用化学农药。

第三部分
施药机械与专业化防治

47. 施药机械有哪些种类？

　　施药机械是农业发展的必然产物，是保证农业高产、安全的重要手段。施药机械能满足在不同自然条件下对不同剂型农药的喷洒要求，使农药均匀地分布在施用对象上，从而实现对不同种类植物病虫草害的防治。施药器械的主要种类：①按施用的农药剂型和用途分类，有喷雾机、喷粉机、烟雾机、撒粒机、拌种机和土壤消毒机等。②按配套动力分类，有手动施药机具，小型动力喷雾喷粉机，大型悬挂、牵引或自走式施药机具和航空喷洒设备等。③按操作、携带和运载方式等分类，手动喷雾器有手持式、手摇式、背负式、踏板式等；小型动力施药机具有担架式、背负式、手提式、手推车式等；大型动力施药机具有牵引式、悬挂式、自走式和车载式等。④按施药液量的多少分类，可分为常量喷雾、低量喷雾、微量（超低量）喷雾机具等。低量及超低量喷雾机喷雾量少、雾滴细、药液分布均匀、工效高，是目前施药机具的发展趋势。⑤按雾化方式分类，有液力式、气力式、离心式、静电式、热力式喷雾机等。目前，液力式、气力式和热力式喷雾机已广泛应用于农、林、牧业病虫害的防治。

48. 如何选择施药机械?

选择施药机械要综合考虑三方面的问题:一是根据防治对象的危害特点来确定施药方法和要求。二是根据田块自然条件和经营规模选择施药机械。三是根据作物栽培和生长情况选择施药机械。具体可分为8个方面。

(1) 要了解防治对象的危害特点及施药方法和要求。例如病、虫在植物上的发生或危害部位,药剂的剂型、物理性状及用量,喷洒作业方式(喷粉、雾烟等),若喷雾,是常量、低量还是超低量等,以便选择施药机械类型。

(2) 了解田间自然条件及所选施药机械对其适应性。例如田块的平整程度及规划情况,是平原还是丘陵,旱作还是水田,果树的大小、株行距及树间空隙。考虑所选机具在田间作业及运行的适应性,以及在果树行间的通过性能。

(3) 了解作物的栽培及生长情况。例如作物的株高及密度,喷药是苗期,还是中、后期,要求药剂覆盖的部位及密度,果树树冠的高度及大小,所选施药机械喷洒部件的性能是否能满足防治要求,如购买的喷雾机械要用于喷洒除草剂,需配购适用于喷洒除草剂的有关附件,如扇形雾喷头要配置防滴阀、稳压阀、防飘罩盖等。

(4) 了解所选施药机械在作业中的安全性。例如有无漏水、漏药,对操作人员的污染风险、对作物是否会产生药害等。

(5) 根据种植模式、规模以及经济条件,如分户承包还是集体经营,防治面积大小与施药机械的作业效率,购买能力及机具作业费用(药、供水、燃料或电费、人工费等)的承担能力确定选购人力机械还是动力机械以及药械的型号等。

(6) 质检情况。 确认所选施药机械是经过产品质量检测部门检测并且合格的产品，有推广许可证或生产许可证，并了解其有效期。

（7）了解所选施药机械及生产厂家的信誉情况，药械质量是否稳定、售后服务情况。

（8）调查研究。到相同生产条件的作业单位了解打算购买的药械的使用情况，以作参考。

49 施药机械的清洗和保养方法有哪些？

施药机械使用结束后，应及时倒出药液桶内的残余药液，加入少量清水继续喷洒2～5分钟，清洗泵内和管道内的残留药液，重复多次直至清洗干净，并用清水清洗各部分。喷雾器（机）喷洒除草剂后，要用加有清洗剂的清水彻底清洗干净（至少清洗3遍），避免以后喷洒农药时造成敏感作物药害；喷雾喷粉机进行喷粉作业后，要及时清洗化油器和空气滤清器；担架式液泵喷雾机应按使用说明书要求，定期更换曲轴箱内的机油，长期贮存时，应严格排除泵内的积水，防止天寒时冻坏机件。每

药械故障　及时维修

年防治季节过后，应将施药机具的重点部件（如喷头、药液箱等）用热洗涤剂或弱碱水清洗，再用清水洗干净，晾干后要对可能锈蚀的部件涂防锈黄油，放在干燥通风的库房内，切勿靠近火源，避免露天存放或与农药、酸、碱等腐蚀性物质一起存放。

施药机械出现故障时，应由专业维修人员进行维修和处理，不要擅自拆装，以免造成人身伤害。

50 背负式手动（电动）喷雾机适用范围和使用注意事项有哪些？

适用范围：背负式手动（电动）喷雾机能喷洒多种农药、叶面肥等，可广泛应用于粮食作物、棉花、蔬菜、果树等病虫草害的防治；也可用于宾馆、车站等公共场所及家禽圈舍的卫生防疫、清洁环境等方面。

使用注意事项：①喷头堵塞后，可用清水冲洗或软木条、小毛刷清理，不可用尖锐坚硬的金属物捅喷孔。开关滤网应经常清理，防止堵塞，装配时在压轴密封圈处涂黄油。②更换皮碗时，应将皮碗表面涂抹适量润滑油，然后插入唧筒并旋转360°，拇指堵住出水口，上下抽动试气，松开拇指时发出喷气声即可拧紧气室帽。气室帽内毡条、皮碗处在使用前需添加润

背负式手动喷雾机

背负式电动喷雾机

滑油。③使用完毕后，应倒出桶内残余药液，加入少量清水继续喷洒干净，并用清水清洗各部分，然后打开开关，置于室内通风干燥处存放，禁止阳光曝晒。

51 担架式喷雾机适用范围和使用注意事项有哪些?

适用范围：担架式喷雾机可用于对各种农作物病虫害防治及城市的环保绿化。如茶园、棉花、水稻、花卉、蔬菜、梨、桃、苹果、荔枝、龙眼等农作物的药剂喷雾、畜牧防疫消毒等。该机具有工作效率高、防治效果好、性能可靠等特点。

使用注意事项：使用前要对喷雾机进行检查，重点检查发动机、水泵、输送管、喷枪、喷头等重点部件，确保机器的稳定性和安全性；使用后要添加少量清水继续喷洒干净，并用清水清洗各部分，置于室内通风干燥处存放，禁止阳光曝晒。

52 喷杆喷雾机适用范围和使用注意事项有哪些?

适用范围：喷杆喷雾机是装有横喷杆或竖喷杆的一种液力喷雾机。它作为大田作物高效、高质量喷洒农药的机具，近年来深受我国广大农民的青睐。该机具可广泛用于大豆、小麦、玉米和棉花等农作物的播前、苗前土壤处理、作物生长前期灭草及病虫害防治。装有吊杆的喷杆喷雾机与高地隙拖拉机配套使用可进行诸如棉花、玉米等作物生长中后期病虫害防治。

使用注意事项：①作业时应注意各种障碍物，防止撞坏喷杆，道路不平严禁高速行驶；②不可将工作压力调得过高，防止胶管爆裂；③若出现喷头堵塞，应停机卸下喷嘴，用软质专用刷子清理杂物，切忌用铁丝、改锥等强行处理，否则会损伤喷嘴，影响喷洒雾形、喷头流量及喷洒均匀性，降低喷头寿命；④操作机器时，手指不要伸入喷杆折叠处，避免发生意外伤害事故。

喷杆喷雾机

53 果园喷雾机适用范围和使用注意事项有哪些?

适用范围:目前,多使用风送式高效远程喷雾机作为果园喷雾机,主要用于对苹果等果园喷施杀虫剂、杀菌剂等,也适用于蝗虫、草地螟等重大病虫的应急防治。通常情况下,风送式高效远程喷雾机的喷洒系统由一个远程喷射口和一个近程喷射口组成,近程喷射口喷射方向斜向下,喷射系统可以向左右两面180°摆动和上下90°摆动。机器喷洒时,有效喷洒距离可达40米左右。

使用注意事项:①在进行转动喷射口的作业时,周围禁止站人,避免发生危险;②施药结束后,旋松调压手柄,先切断后输出轴动力,再关闭管路阀门;③施药结束后,向药箱加入一定量清水,通过泵使水在机器内循环,将机器清洗干净。

果园风送式喷雾机

54 植保无人机适用范围和使用注意事项有哪些?

适用范围:与传统的人工施药和地面机械施药方法相比较,植保无人机具有作业效率高、成本低、农药利用率高等特点,可有效解决传统机械难以下地的问题,适用于高秆作物、水田、旱田和丘陵山地等农田,能减少传统施药行为对于施药人员和农作物的伤害。

使用注意事项:①植保无人机施药对气象条件要求严格,一般要求风力<3级,温、湿度条件适宜,减少农药雾滴大范围飘移;②一般要求施药作物连片种植,防止农药雾滴对非靶标生物造成伤害;③根据施用农药种类适量添加喷雾助剂,减少雾滴飘失;④施药农田范围内不得有电线杆等影响无人机作业的障碍物,施药由专业人员操作。

在采用植保无人机进行航空喷雾时,因为要考虑到效率和

植保无人机

成本，最常见的喷雾方式就是多种药剂（杀虫剂、杀菌剂等），甚至叶面肥一起喷施。然而多种病虫害的最适施药时期集中在同一时间内的情况比较少见，在小麦"一喷三防"时小麦蚜虫和小麦白粉病或者赤霉病基本可以进行统一防治，但发病情况和虫口密度往往不会同时达到最适施药时期。如果不同病虫害的最适施药时期相隔较远，超过了所用农药的持效期，这种混用就不能真正发挥作用，而是被浪费掉，还增加了农药对环境的压力，给农户造成额外的经济损失。所以多种农药混合使用必须事先详细了解病虫害的发生情况，特别是它们的发生时间和最适施药时期。如果最适施药时期比较接近，并且是在所用农药的持效期范围内，则可以进行混用和同时施药。此外，不同农药是否可以混合使用还需要详细了解不同种类农药的理化性质，严格遵守使用说明，切忌随意混用。

55 航空植保怎样选择施药剂型，为什么优先选择超低容量油剂？

　　航空植保施药过程中，农药剂型的正确选择和使用是决定施药效果的一个重要因素。在航空植保喷雾过程中形成的雾滴体积中值直径（VMD）为 50 ～ 100 微米。若采用水介质的液剂，这种细雾滴的水极易迅速蒸发，使之变成超细雾滴而随风飘移到田外很远处，无法沉降到作物上。而采用油剂进行超低容量喷雾，这些细小雾滴对作物植株冠层穿透性强，沉积在目标作物表面能展布成较大面积的油膜，黏着力强，耐雨水冲刷，对生物表面渗透性强，可提高药效。因此，航空植保最适宜的剂型就是超低容量油剂，也称为超低容量液剂。然而，截至2020年，我国登记可用于航空施药的超低容量油剂只有19个，远远满足不了病虫害防治的需求。

在缺乏足够的超低容量液剂用于航空植保施药的情况下，很多液体制剂如水乳剂、乳油、微乳剂、悬浮剂，固体制剂如水分散粒剂和可湿性粉剂也经常应用于航空低容量施药。

此外，航空植保施药剂型选择过程中，毒理学因素也是需要考虑的一个方面。如在进行害虫防治时，同一有效成分，乳油的效果显著高于悬浮剂、可湿性粉剂等其他剂型，这是因为乳油是以有机溶剂作为农药有效成分的分散介质，而有机溶剂对于害虫的体壁具有很强的侵蚀和渗透作用，有利于接触性的神经毒剂快速进入害虫体内，所以药效发挥比较快，杀虫效果也比较强。然而对于病原菌防治，除了少数杀菌剂外，以油为介质的剂型对杀菌剂作用的发挥并无好处，因为杀菌剂对病原菌细胞壁的渗透并不需要有机溶剂的协助，而是依靠溶解在叶面水膜中的杀菌剂分子对病原菌细胞壁和细胞膜的渗透作用。有机溶剂反而会妨碍杀菌剂的扩散渗透和内吸作用。很多除草剂要求施用在水田田泥或土壤中，因此颗粒剂也是使用很多的一种剂型，在日本用来航空施药的除草剂一般都登记为颗粒剂。

56 背负式机动喷雾喷粉机常见故障的排除方法有哪些？

背负式机动喷雾喷粉机常见故障的排除方法

故障现象	故障原因	排除方法
不能启动或启动困难，火花塞无火	火花塞积炭	清除积炭
	火花塞间隙过小或过大	调整间隙至0.6～0.7毫米
	火花塞电极烧坏或绝缘损坏	更换火花塞
	磁电机导线包皮破损	修理

（续）

故障现象	故障原因	排除方法
不能启动或启动困难，火花塞无火	磁电机线圈断线或绝缘不良	更换
	电子点火器损坏	更换
	白金触点间隙不对、玷污或烧损	调整、擦净间隙或更换
	继电器固定螺钉松动	紧固
火花塞有火但不能启动或启动困难	吸入燃油过量	减少供油
	燃油质量不好，有水、过脏	更换燃油
	气缸、活塞环磨损或胶结	更换
	火花塞松动	旋紧
	油箱无油	加油
	过滤网堵塞	清洗
	油箱通气孔堵塞	清理
	量孔堵塞	清理
	浮子室内油面过低	调整
压缩良好，也不熄火，但运转功率不足	滤清器的滤片堵塞	清洗
	从油管接头处吸入空气	旋紧
	从化油器连接处吸入空气	旋紧
	燃油中混有水	更换燃油
	汽油机过热	停机冷却，避免长时间高负荷运转
	消音器积炭	清除积炭
运转功率不足且过热	燃油浓度过低	调节化油器
	燃烧室积炭	清除积炭
	润滑油不良	使用二冲程汽油机专用机油
	不合理运转（没接大软管）	正确使用

（续）

故障现象	故障原因	排除方法
运转功率不足且有敲击声	使用燃油不好	更换燃油
	燃烧室积炭	清除积炭
	运动件磨损	检查更换
运转中突然熄火	火花塞引线松脱	接牢
	活塞咬死	修理或更换
运转中突然熄火	火花塞积炭短路	清除积炭
	燃油烧尽	加注燃油
运转中慢慢熄火	化油器内部堵塞	清洗
	油箱盖通气孔堵塞	清洗
	燃油里有水	更换燃油
停机困难	油门杠杆或拉绳调节不当	调整
不出液或出液不连贯	喷头、开关、调量阀堵塞	清除
	输液管堵塞	清除
	药箱内无压力或压力过低	拧紧药箱盖
	过滤网通气孔堵塞	清除
向上喷雾时不出雾	喷头抬得过高	降低喷头高度
漏液	药箱盖未盖紧	拧紧药箱盖
	药箱盖密封圈未放好或胀大	调整好或更换
	各接头处未拧紧	拧紧接头处
药液进入风机	气堵组件与药箱装配不当	正确装配
	进气管从过滤网上进气塞脱落	重新安好

57 担架式液泵喷雾机常见故障的排除方法有哪些?

担架式液泵喷雾机常见故障的排除方法

故障现象	故障原因	排除方法
吸不上药液或吸力不足,表现为无流量或流量不足	泵内有空气	使调压阀处在高压状态,切断空气循环,并打开出水开关,排除空气
	吸水滤网露出液面或滤网堵塞	将吸水滤网全部浸入药液内,清除滤网上的杂物
	吸水管路的连接处未放密封垫圈,漏气或吸水管破裂	加放垫圈,更换吸水管
	进水阀或出水阀零件损坏或被杂物卡住	更换阀门零件,清除杂物
	缸筒磨损或拉毛(活塞泵),V形密封圈未压紧或损坏(柱塞泵)	更换缸筒,旋紧压环调整密封间隙
	隔膜破损(隔膜泵)	更换隔膜
压力调不高,出水无压力	调压阀减压手柄未扳到底,调压弹簧被顶起,使回水增多,压力调不高	把调压阀减压手柄向逆时针方向扳足,再把调压轮向"高"的方向旋紧以调压力
	调压阀的锥阀与阀座间有杂物或磨损	清除杂物,更换锥阀与阀座
	调压阀的阻尼塞因污垢卡死,不能随压力上下滑动	拆开清洗并加少量润滑油
雾化不良	喷头堵塞或喷嘴磨损	清除杂质,更换喷嘴
	泵的转速过低,压力未调高	提高转速,调高压力
	进出水阀门与阀门座间有杂物,压力提不高	清除阀门内杂物

（续）

故障现象	故障原因	排除方法
雾化不良	活塞泵的活塞碗、隔膜泵的隔膜损坏	更换活塞碗或隔膜
	吸水滤网露出液面，吸水管破裂或吸水管接头松动	将吸水滤网全部浸入药液内，更换吸水管，拧紧连接螺母
漏油漏水	压力指示计的柱塞上密封环损坏或柱塞方向装反	更换密封环，调换方向（有密封环的一端向下）
	调压阀阻尼塞上密封环损坏，套管处漏水	更换密封环
	气室座、吸水座的密封环损坏（活塞泵）	更换密封环
	山形密封圈损坏，吸水座下小孔漏水、漏油（活塞泵）	更换山形密封圈
	曲轴油封损坏，轴承透盖处漏油	更换油封
	螺钉未拧紧或垫片损坏，油窗处漏油	拧紧螺钉或更换垫片
液泵运转有敲击声	滚动轴承损坏	更换轴承
	连杆或曲轴磨损松动，偏心轮或滑块磨损（隔膜泵）	更换连杆或曲轴，更换偏心轮或滑块
	连杆小端与圆柱销磨损、松动	更换圆柱销或连杆
液泵油温过高	润滑油量不足或牌号不对	按规定加足润滑油
	润滑油太脏	更换新润滑油
出水管振动剧烈	空气室内气压不足	按规定值充气
	气嘴漏气	更换气嘴
	气室隔膜破损	更换隔膜
	阀门工作不正常	修理或更换阀门

58. 什么是超低容量手动喷雾技术？

超低容量手动喷雾技术是指利用离心喷雾机等喷施农药的技术，该技术必须使用油剂农药以减少雾滴蒸发。雾滴直径约70微米，每亩施药液量约300毫升，具有沉积好、防效高、省水省力、作业效率高等特点。

超低容量手动喷雾机

59. 什么是静电喷雾技术？

静电喷雾技术是通过高压静电发生装置使喷出的雾滴带电，从而增加雾滴在作物表面的附着能力，使雾滴不易滚落，可显著提高雾滴的沉积量，甚至可将农药利用率提高至90%。

静电喷雾机

60 什么是农机农艺融合?

农机农艺融合是指在农业生产过程中,作物品种培育、耕作制度、栽植方式等与现代农业机械作业要求相适应,农业机械与农艺种植紧密融合、相互适应的生产模式。

国内外实践表明,农机农艺融合,相互适应,相互促进,是建设现代农业的内在要求和必然选择。当前,我国农机化进程已经到了加快发展的关键时期,农机农艺有机融合,不仅关系到关键环节机械化的突破,关系到先进适用农业技术的推广普及应用,也影响农机化的发展速度和质量。实现农机农艺的融合,对促进农业稳产增产和农民持续增收,加快推进农业现代化有着十分重要的意义。

适应农机下田操作的种植模式

61 为什么要推进农机农艺融合？

农业机械化是现代农业的基础，是提升农业综合效益，提高我国农产品国际竞争力的关键因素，是应对农村劳动力转移，解决"谁来种地"问题的重要途径。目前我国农业机械化率已超过70%，但从种到收，最缺乏、最落后的就是植保机械，植保机械成为农业机械最大的短板。加快补齐农业现代化短板已成为全党和全社会的共识，补齐我国农业的短板，将最终服务农业供给侧结构性改革，同时促进农民增收。

受种植栽培模式所限，当前许多地区的喷杆喷雾机无法下地作业，高效风送喷雾机无法进园。目前，我国农机与农艺的联合研发机制尚未建立，一些作物品种培育、耕作制度、栽植方式不适应农机作业的要求，农民种植栽培习惯差异大，标准化程度偏低。不论是农民种植习惯还是各级农业技术部门推广的高产栽培模式，都很少兼顾方便植保机械下地作业。我国地大物博，农作物种类丰富，复种指数高，有一熟区、二熟区和三熟区，但同时又人多地少，种植规模小。从南到北、从东到西，农作物种植模式千差万别，即便是同一地区的同一种作物，种植栽培模式也不尽相同。各地所采取的种植栽培模式，大多与长期形成的栽培习惯有关，与高产、高效的生产目标可能并不完全一致。实现农机农艺有机融合，同时搞好农田道路、农机下田"路引"，灌溉和沟渠等设施的统筹规划和建设，能够实现可持续发展的农作物"高产创建新模式"。

水稻农机农艺融合示范区

62. 什么是绿色防控，为什么要提倡绿色防控？

绿色防控是指采取生态调控、农业防治、生物防治、理化诱控和科学用药等技术和方法，将病虫危害损失控制在允许水平，并实现农产品质量安全的植物保护措施。

绿色防控是贯彻"公共植保、绿色植保"理念的具体行动，是确保粮食增产、农民增收和农产品质量安全的有效途径。主要有以下优势：一是有利于保障农产品质量安全。通过推广农业、物理、生态和生物防治技术，特别是集成应用抗病虫良种和趋利避害栽培技术，以及物理阻断、理化诱杀等非化学防治的农作物病虫害绿色防控技术，有助于减少化学农药的使用，降低农产品农药残留超标风险，保护农产品质量安全。二是有利于保障农业生产安全。传统农作物病虫害防治主要依赖化学农药，不仅防治次数多、成本高，而且还会造成病

蔬菜有害生物绿色防控示范区

虫害抗药性增加，进一步加大农药使用量。推广农作物病虫害绿色防控技术是延缓病虫害抗药性发展、减少化学农药使用量、实现病虫害可持续治理的有效手段，有利于保障农业生产安全。三是有利于保障农业生态环境安全。农作物病虫害绿色防控是适应农村发展新形势、新变化和发展现代农业的新要求而产生的，大力推进农作物病虫害绿色防控，有利于减少农药对非靶标生物的危害，减轻农业面源污染，保障农业生态环境安全。

63 什么是专业化防治服务，专业化防治服务组织应具备哪些条件？

农作物病虫害专业化防治服务是指专业化防治服务组织为农业生产经营者提供农作物病虫害防治服务的行为。

专业化防治服务组织应当具备相应的设施设备、技术人员、

统防统治防治服务组织

田间作业人员以及规范的管理制度；应积极前往当地工商或民政部门办理相关登记注册手续，及时向当地农业农村部门报备，做好建档立卡、动态管理、服务信息填报等工作。

专业化防治服务组织的田间作业人员应当能够正确识别服务区域的农作物病虫害，正确掌握农药适用范围、施用方法、安全间隔期等专业知识以及田间作业安全防护知识，正确使用施药机械以及农作物病虫害防治相关用品。

64 什么是农作物病虫害专业化统防统治？为什么要推进农作物病虫害专业化统防统治？

农作物病虫害专业化统防统治是指具备相应的设施设备、技术人员、田间作业人员、规范管理制度的专业化防治组织以及具备相应能力和水平的种植大户和家庭农场等新型经营主体、农场和各类种植基地等，在农作物病虫害防治适期开展的规模化、集约化农作物病虫害统一防治行为。实施农作物病虫害专业化统防统治，不是简单地统一组织打农药，而是通过专业的组织、人员、设备，将绿色防控技术和科学安全用药技术真正落实到位的病虫害可持续防控，能够切实减轻病虫害损失，提升重大病虫的防控能力。

实施病虫害专业化统防统治，可以有效解决一家一户防病治虫难题，提高防治效率和防治效果，减少作物产量损失和农药用量。实现防治效率、防治效果、防治效益的"三个提高"；做到防治成本、农药使用量、环境污染的"三个减少"；很好地促进农业生产、农产品质量和农业生态环境的"三个安全"；实现农民、从业人员和防治组织的"三方满意"。各地实践表明，实施专业化统防统治每季可减少用药防治1～2次，降低农药用量20%，可提高作业效率5倍以上，防治效果比农民自防自治普遍提高了10%以上，每亩水稻、小麦减损增产分别达50千克和30千克以上。

整装待发的病虫害专业化防治服务组织

第四部分
科学安全用药技术

65 什么是科学安全用药，为什么要科学安全用药？

科学安全用药，包括正确选药、合理用药、精准施药等方面，是指在适宜的使用时期、气象条件和施药时间下，施药人员在必要的安全防护措施下，按照农药包装的标签说明，选用适宜的施药机械或其他措施施用农药，在高效防治靶标病虫害的同时，对于非靶标生物和生态环境也安全。

视频1
科学安全
使用农药

科学安全用药的必要性：①对施药者安全，施药时如缺乏必要的安全防护措施，如不穿防护服、不戴防护面罩和手套等，可能会造成农药中毒等事故；②对农作物安全，未严格按照农药标签施用农药，如选用农药错误、施用方法或者剂量不当，易造成农作物药害，出现落叶、落果、灼伤等症状；③对环境安全，不在

科学用药　防治病虫

适宜的气象条件下施用农药，或未及时交回包装废弃物，可能

会造成农田土壤、水流等环境的污染，威胁畜禽、天敌、蜜蜂、鱼虾等生物的安全；④对消费者安全，过量、超量施用农药，或未严格按照安全间隔期施用农药，可能会造成农产品农药残留超标，影响人民群众生命健康。

66 什么叫达标用药，为什么要达标用药？

防治指标是指病虫危害达到需要采取防治措施的水平或程度。当病虫害发生达到防治指标时，施用农药进行防治，称为达标用药。简单来讲，即病虫害需要防治时再施药，病虫害不会给作物生产造成重大损失时无须施用农药。通过达标用药，在有效防控农作物病虫害的同时，还能减少施药次数和农药使用量，降低农作物生产成本，增加农业生产者收入。

67 什么叫适期用药，为什么要适期用药？

适期用药一般指在病、虫、草、鼠害整个发生期最薄弱和对农药最敏感的时期，或者施药作物生长状态最适宜的时期进行施药，适期用药可以使防治效果事半功倍。通过适期用药，能有效防控农作物病虫害，减少农药使用量和施药次数，降低对天敌或生态环境的影响。例如，对食叶害虫和刺吸式害虫，一般应在低龄幼虫、若虫盛发期防治为好；对钻蛀性害虫，一般应在孵卵盛期防治为好。对于农作物病害来说，易感病的生育期都是防治适宜时期。以种子繁殖的杂草，在幼芽或幼苗期对除草剂比较敏感，是防除适期。对害鼠来说，在鼠类大量繁殖前防控最好，一般在春、秋两季各防控一次。

68. 什么是农药使用安全间隔期，为什么要强制规定安全间隔期？

农药使用安全间隔期是指最后一次施用农药距离农产品收获的天数，可保证收获农产品的农药残留量不超过国家规定的允许标准，即低于最大残留量。在农业生产中，最后一次喷药与收获之间的时间必须大于安全间隔期，不允许在安全间隔期内收获作物。不同的农药有效成分因其分解、代谢的速度不同，或同一种农药施用在不同生育期、不同季节的作物上，则安全间隔期会有所不同。农民朋友在使用农药时，一定要看清楚农药标签标注的农药使用安全间隔期，不足安全间隔期不要再施药，以免农产品农药残留超标。

69. 农药运输注意事项有哪些，如何预防和处置运输农药泄漏？

农药具有一定的毒性，少数还具有可燃性，容易对人、畜以及环境造成一定的影响。因此，将农药从生产地安全、妥善地运输到销售地或使用地非常重要。严禁用载人客车、食品运输车等大量运载农药。运输农药前，应检查农药包装容器是否完整，如有破损要用规定的材料重新包装，且不宜远距离运输。选定运输工具后要将农药摆放稳固，装卸农药时

农药储运 远离食品

要轻装轻卸，防止农药从高处摔落或刮破包装导致泄漏。运输车周围配有护栏，避免运输途中损坏或泄漏。此外，对于高毒、剧毒农药要按照危险货物管理要求选择运输工具。若运输途中有农药泄漏，要确保在通风状态下进行处理和清洁，还要注意防火和人身防护。转移包装破损的农药产品要将其放置于远离水源、住宅、易燃易爆物的安全地带。

70 农药配制流程及注意事项有哪些，为什么有的农药要用二次稀释法？

农药在施用前都要经过配制。农药的配制就是将商品农药配制成可以施用的状态，一般要经过农药和配料取用量的计算、量取、混合等几个步骤，正确地配制农药是安全、高效、合理使用农药的重要基础。配药前要仔细阅读农药使用说明书，查看注意事项。开启农药包装，称量及配制过程中，做好个人人身防护（含口、鼻、眼防护），佩戴必要的防护器具，不可裸手配药。

视频2
二次稀释法
操作演示

农药取用量要根据其制剂有效成分的含量、单位面积施药量或稀释倍数、施用面积来计算。

农药配制一般都需要稀释，不可用井水配药，因为井水中矿物质较多，尤其是含镁和钙离子，容易与农药产生化学反应，造成农药沉淀，失去药效。不可随意加大或降低农药用量，用少了没有效果，用多了容易产生

农药配制　专用器具

药害或农药残留，也增加了用药成本。配制农药要远离住宅区、牲畜栏厩和水源等场所。应严格按照说明书稀释剂量稀释，且当天用当天配，原则上农药混配不超过3种，多了容易发生化学反应或产生沉淀，还要注意有些农药明确标注了不可与哪些农药混配，也需要注意和遵从。混配过程中每加一种农药就要充分搅拌均匀，然后再加下一种农药。药液随配随用，配好或用剩的药液应采取密封措施；已开包的农药制剂应封存在原包装内，不得转移到其他包装中（如食品包装或饮料瓶）。配药器械必须为专用，用后要洗净，不可在河流、小溪、池塘、堤坝和水井边清洗，以免污染水域。

农药二次稀释就是先用少量的水或者稀释载体把农药制剂稀释成母液或母粉，然后再稀释到所需要的浓度。浓度高、单位面积用量少的药剂，或者要配制成毒土的药剂，需要通过农药二次稀释法以保证稀释均匀和配制准确。

第一步：在母液桶中加入1/5的清水，依据作业面积将单种药剂倒入母液桶中。

第二步：搅拌均匀后，倒入汇总桶中。

第三步：清洗母液桶和药品包装袋2～3遍，将清洗母液桶和药品包装袋的水一并倒入汇总桶中。

第四步：稀释完成后，把汇总桶加清水至所需药量，搅拌均匀。

农药二次稀释法

71 施药前人身防护准备有哪些？

施药人员要穿戴好防护用品，如防护帽、口罩、手套、靴子或专业防护服等，如果没有防护服，要穿长衣、长裤，戴帽子，穿胶鞋，戴护目镜、面罩等，防止农药进入眼睛、接触皮肤、吸入体内等。在搅拌、加装或使用高毒农药产品时，要佩戴呼吸器、护目镜、面罩等防护装备。

田间施药　注意防护

72 哪些人群不适合施药作业？

老、弱、病、残、孕、儿童、哺乳期妇女等，生病期间以及有心肺系统疾病的人员不宜田间施药。

73 不慎沾染农药，需要做哪些处理？

如果按照农药标签使用说明，穿着防护服和做好个人防护，一般不会产生危害。一旦配药或施药时不慎沾染农药，要立即脱掉被污染的衣裤，及时用清水冲洗沾染农药的皮肤。如果是不慎吸入一定剂量的农药，应立即转移到空气清新的地方，保持呼吸畅通，迅速清洗口、鼻、眼，冲淡和稀释农药，避免不良刺激。

74 如何避免误食农药，中毒后应怎样应急处理？

妥善储存农药，尽量远离儿童、宠物及生活用品，尤其是食品。储存农药的仓库要配备吸水材料如猫砂等，以便清理泄露农药，还要配备肥皂、清水等清洗物品，仓库门要上锁，避免孕妇、儿童和宠物进入。进入仓库前要先开门通风，定期检查储存的农药包装和有效期，如有渗漏及时处理，过期农药也要及时处理，严禁在仓库吸烟和使用明火。误食农药后第一时间对神志清醒的中毒者采取引吐的措施来排出毒物（昏迷的中毒者要待其苏醒

农药中毒　及时抢救

后才可进行引吐）。引吐的简便方法是给中毒者喝浓盐水或肥皂水，然后用干净的手指或者筷子刺激咽喉部位引起呕吐，并留存部分呕吐物用于化验检查。引吐后送中毒者就近就医，昏迷人员可直接送至医院救治。带上引起中毒的农药包装，带着患者呕吐物到医院。

75 施药前后需要做哪些警示工作？

施药前贴出告示，施药后

施药地块　人畜莫入

树立警示标志，在一定时间内禁止进入田里放牧、割草、挖野菜等，避免农药中毒。

76 田间施药有哪些操作注意事项？

老张，回家去，洗完手、脸，再吃饭、吸烟。

施药现场 禁烟禁食

上午10时到下午3时，不能喷药。而且，不管你累不累，每次喷药时间不要超过6小时，下雨、风力超过3级都不能施药，不能顶风施药。

喷洒农药 注意天气

田间施药现场不可进食、饮水、吸烟，如有相关需要应远离施药现场，先清洗手、脸、口、鼻后，方可用餐、饮水和抽烟等。施药选择晴朗无风天气，下雨、刮风、高温、作物上有露水、沿海地区遇到有海雾时不可施药；施药时如果有微风，要始终处于上风位置，不可逆风施药，以免中毒。夏季高温季节要避免中午施药，以免施药者中暑。配制农药要选择专用器具量取和搅拌，绝不能直接裸手取农药和搅拌农药。不可用嘴去吹堵塞喷头，一次施药时间不可超过6小时。

77 为什么不允许盲目加倍、加次施用农药？

在保证防治效果的情况下，不建议盲目提高药量、浓度和施药次数，因为过量施用农药属于拔苗助长，极容易发生药害。

农药施用应该在有效浓度范围内，尽量使用低浓度药剂进行防治，防治次数要根据药剂的持效期和病虫害的发生程度来定，防止配药时不称不量、随手兑药的不科学做法。

78 哪些不当操作会造成作物药害？

保护天敌　减少用药

农药使用浓度过高、用量过大、混用不当、施药雾滴粗大、喷粉不匀等均会引起药害。药害还与温度、湿度和土壤环境条件有关。一般温度过高或过低、湿度过大、日照过强时易产生药害。一般植物性药剂、微生物药剂相对安全。菊酯类、有机磷类药剂对植物也比较安全。不正当使用无机的、水溶性强的药剂容易产生药害。除草剂和植物生长调节剂的过量或不正当

甲基二磺隆和异丙隆药后低温药害症状

使用也容易对作物或后茬作物产生药害。农药剂型不同引起的药害程度也不同，一般油剂、乳油（剂）比较容易引起药害，可湿性粉剂次之，粉剂、颗粒剂相对安全。此外，不同作物或品种、不同发育阶段其耐药力不同，例如作物发芽期、幼苗期、花期、孕穗期以及嫩叶、幼果对药剂比较敏感，容易产生药害。

唑啉草酯拔节期用药产生药害

吡氟酰草胺·异丙隆封闭用药后遇低温，小麦出现冻药害

79 发生药害后如何补救?

一旦发生药害,如属于叶面和植株喷洒药液后引发的药害,可迅速用大量清水喷洒受害部位,重复2~3次,并追施磷、钾肥、中耕松土,促进根系发育,以增强作物的恢复能力。对叶面药斑、叶缘焦枯或植株黄化,可增施肥料,促进植物恢复生长。对一些水田除草剂引起的药害,可适当排水减轻药害。对抑制或干扰植物生长的除草剂,在发生药害后,喷洒赤霉酸等激素类植物生长调节剂,可缓解药害程度。生产上要尽量避免作物药害,按照农药使用要求操作。

80 什么是农药混用?

农药混用即将两种或两种以上的农药混合在一起使用的施药方法,包括农药混合制剂(混剂)的使用及施药现场混合使用(桶混)。农药混用的目的是提高防治效果、扩大防治谱、减少施药次数、延缓靶标生物抗药性发展、降低施药成本等。

农药混配

81. 航空植保作业中农药混用注意事项有哪些？

在航空植保农药混用过程中，尤其是不同剂型混配时，要注意不同剂型的兼容性问题。由于剂型和制剂的多样性，这方面的问题比较复杂，还没有完善的预测办法可供参考。但在混配之前可以先进行小试验，按照计划的用药量比例，进行少量的药剂试配，如果没有明显的分层、破乳或沉淀等不正常现象，则初步认为可行。

82. 如何提高农药混配效果？

要提高农药混配/桶混的效果，应遵循的原则有：①各单剂之间有增效作用，至少应该是相加作用，混配后的药效增强，可以减少施用剂量；②各单剂有不同的作用机制，没有交互抗性，可以延缓靶标生物抗药性的发展；③各单剂的持效期应尽可

视频3
农药混配
操作演示

能相近，便于在同一时期发挥药效；④混配应遵循最佳配比原则，各单剂在单独使用时对靶标对象高效，在混配中的剂量应维持其单独使用的剂量以确保防治效果；⑤混配的各单剂之间，要确保混配后不发生物理、化学等反应，保证药剂的有效性、稳定性、安全性和兼容性。

83. 农药与化肥混用注意事项有哪些？

近年来，农药与叶面肥等化肥的混合施用越来越受到广大农户的青睐，农药与化肥混用时应注意：①混配过程中农药有效成分和化肥之间不能发生不利药效、肥效发挥的物理和化学

变化，影响药液的稳定性；②混合施用农药和化肥后，不能影响农药对于靶标生物的防治效果，不能对作物安全性造成影响；③农药与化肥混用前，要先进行小范围试验，确保无不良影响后，再进行大面积施用。

84 农药如何与喷雾（桶混）助剂混用增效？

农药与喷雾（桶混）助剂混用的要求：①助剂与农药混用后，不能发生影响农药发挥药效的物理或化学变化，如分层、沉降、凝聚、沉淀等；②根据施药作物、防治靶标、施药方式

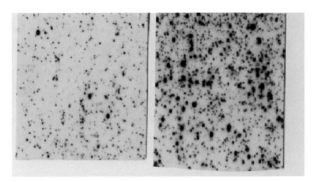

未添加助剂（左）和添加助剂（右）的施药雾滴沉积情况对比

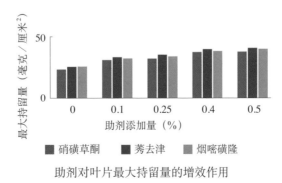

助剂对叶片最大持留量的增效作用

等，添加合适的助剂进行桶混，比如选用植保无人机施药，则适宜添加有助于农药雾滴沉降的助剂以减少农药飘失等；③严格按照标签说明，根据施药剂量添加适量的助剂，不可过多或过少；④农药与喷雾（桶混）助剂混用要坚持现混现用，不可久置。

85 施药后废液如何处理？

施药后的剩余药液及时排出（必须远离水源），及时用清水冲洗3次施药器械，以免药液凝固堵塞施药机械，造成下次施药

依照第二至四步重复操作3次：

第二步：将包装中注1/4的水。

第三步：将农药包装密封好并摇动30秒。

第四步：将农药包装开口处对准喷桶口，倒空清洗农药包装的水。倒置至少30秒。

第一步：将农药包装开口处对准喷桶，倒空全部农药。倒置至少30秒。

对于不能密封加水摇动清洗的农药包装袋，用加水用的小盆、水瓢等容器盛上足够的清水，将农药空包装在水中反复摇荡、清洗，清洗后的水倒入喷雾器中使用。

试验表明，农药空包装中99.9%以上的农药残余物都可以通过适当的三次清洗去除。

时机械故障，或残留药液影响其他药剂药效。因除草剂使用不
当容易引起药害，对于喷施除草剂后的施药机械要多冲洗几次。
条件允许的，尽量专门固定除草剂施药机械，避免因除草剂药
液残留导致下次使用机械时对其他作物产生药害。

86 农药防病治虫效果不好有哪些原因，如何补救？

防治效果不好的主要原因有：①施用的农药品种错误，需
要防治的靶标与登记范围不匹配；②施用的农药属于假劣农药，
防治效果差；③使用的施药机械类型不适宜、施用方法不正确、
施用剂量不足等，造成施药效果较差；④施药时的气象条件不
适宜，或者施药后6小时内降大雨等因素影响药效发挥；⑤需要
防治的靶标对选用的农药品种产生抗药性。

补救措施：①根据病虫害发生种类和程度，正确选用合
适的农药品种，在气象条件适宜的条件下，选择适宜的施药
器械和方法，严格按照农药标签施药；②若施药后遇到降大雨
等恶劣天气，可能影响农药的防治效果，要及时补施；③若病
虫害产生抗药性，要重新选择作用靶标不同的农药品种进行
防治。

87 种子消毒处理有哪些常用方法，用哪些药剂？

种子消毒处理是指播种前利用物理、化学或生物的方法对
播种材料进行消毒处理，给予某种刺激或补充某些营养物质等
一系列的措施，如晒种、药剂浸种、菌肥拌种、微波或辐射处
理等。目前常用的种子消毒处理方法大体可分为三类：化学法、
物理法、生物法。

　　化学法是当前国内外使用最广泛的种子处理方法，指用杀菌剂、杀虫剂、无机化学试剂、植物生长调节剂等处理种子，包括浸种、拌种、闷种、种子包衣等。用于种子处理的保护性药剂主要有咯菌腈、福美双、代森锰锌等，内吸性药剂主要有甲霜灵、嘧菌酯、多菌灵、三唑酮等。

　　物理法主要是利用热力、冷冻、干燥、电磁波、超声波、微波、射线等手段抑制、钝化或杀死病原物，达到防治病害的目的。主要有热水浸种法、干热处理法、冷冻处理法、核辐射法、微波法等。

　　生物法是指利用有益微生物、促进作物生长的根际细菌、对植物病害有防治效果的生物农药等来浸种、拌种或包衣。常用的有益微生物有枯草芽孢杆菌、寡雄腐霉、哈茨木霉等。

种子处理步骤
1.取药倒种子　2.旋转摇匀　3.晾干种子　4.完成包衣

88. 土壤消毒处理有哪些常用方法，用哪些药剂？

土壤消毒技术是采用物理、化学或生物的方法来控制土传病虫草害，能有效解决作物重茬问题，保障作物稳产高产。常用的土壤消毒方法主要有物理法、化学法和生物法。物理法指采用物理学方法杀灭土壤中的病虫草害，主要包括太阳能消毒技术、射频消毒技术、火焰消毒技术、土壤循环消毒技术、蒸汽消毒技术和热水消毒技术等。化学法是将化学熏蒸剂注入土壤而发挥消毒作用，主要包括注射施药法、滴灌施药法、混土施药法、气体分布带施药法、胶囊施药法等，化学熏蒸剂主要有棉隆、威百亩等。生物法主要指利用十字花科、菊科植物残体等生物材料释放有毒气体，或添加乙醇等形成厌氧环境，从而杀死病虫害的方法，主要有生物熏蒸技术、厌氧消毒技术等。

田间土壤消毒

89 除草剂配制注意事项有哪些？

（1）远离水源、居所、畜禽养殖场所配药。

（2）现用现配，不宜久置，尤其是有拮抗作用的药剂应分别稀释。

（3）土壤处理剂和茎叶处理剂选择不同的配液量，茎叶处理剂在作物与杂草生长的不同时间配液量应合理调整，在杂草生长旺盛期适当增加喷液量及相应对水量。

（4）用无杂质的清水配药，不用配制除草剂的器具直接取水，药液不能超过喷雾器械的额定容量。

（5）除草剂现混现用，喷药时添加助剂或其他农药成分时，应根据标签说明或在当地农业技术人员指导下使用。

90 如何预防除草剂药害？

除草剂对作物的药害是指由于除草剂使用方法不当、除草剂和作物本身的因素以及环境条件的异常等原因，使种植作物、邻近作物或下茬作物的生长受到伤害的现象。除草剂药害症状主要包括：畸形、褪绿、坏死、落叶、矮化、生育期推迟、产量降低等。预防除草剂药害的方法主要有：

（1）加强除草剂试验示范。对新商品化的除草剂，应遵循"试验、示范、推广"三步走的原则，严格按农业农村部农药检定所的要求进行多地小区试验，明确不同地区、不同生态条件下的施药时期、适宜剂量、对作物不同品种的安全性及其他关键用药技术。

（2）不要使用质量欠佳的除草剂。质量有问题的除草剂易产生药害，一定要选购手续齐全、市场反映好、质量有保证的正规厂家生产的除草剂，不要购买无厂名、厂址、生产日期的"三无产品"和质量难以保证的产品，以免引发药害。可湿性粉剂类除草剂如加工质量不到位、粉粒大、湿润性差、悬浮性不好等，加水后易产生沉淀，影响喷雾的均匀度和药液浓度，会引发药害。

（3）使用除草剂方法要适当。除草剂种类繁多，使用方法各不相同，要看清标签上的使用说明后再使用，千万不能随意使用，否则易引发药害。如用毒土撒施防除稻田杂草时，若不慎将药粉沾于叶片上，就容易产生药害。

（4）用药浓度要恰当。除草剂的使用浓度有严格要求，千万不能提高或降低浓度使用（特别是提高使用浓度），否则极易造成药害或降低药效。

（5）要使用优质的喷药器械。选择性能优良的喷雾机械、喷头类型，防止或减轻除草剂用药的飘移药害；不重喷、不漏喷、不使用锥形喷头。

（6）不要将除草剂用于敏感作物。种植作物不同生育时期、不同品种或同一品种的不同类型对药剂的敏感性不同，施药前需要明确当地主要作物及其不同品种对不同除草剂的敏感性。在长残效除草剂的使用方面，不仅要了解除草剂对种植作物的安全性，还应知道这些长残留除草剂在不同土壤、气候条件下，对后茬不同作物的影响，明确不同作物安全生长的间隔期。

（7）不要盲目混用除草剂。除草剂的混用有严格的要求，不可随意乱配乱用，否则不但不会起增效作用，还易产生严重药害。如敌稗和有机磷、氨基甲酸酯类农药混用，就易产生药害。除草剂乱配乱用造成药害的现象并不少见，一定要引起重视。

（8）外界环境对使用除草剂有影响。外界环境条件也与除草剂药害的产生有很大关系。温度、湿度、风、光照、雨、雪等都会影响除草剂的药效。许多除草剂在高温时使用，即便按照使用说明书的浓度也会产生药害。如麦田用绿麦隆除草时，若遇到低温、风雨和寒流等，易产生药害。

氯氟吡啶酯造成的葱管状药害症状

唑啉草酯和异丙隆造成的拔节期药害症状

唑啉草酯和氟唑磺隆造成的拔节期药害症状

91 人畜农药中毒有何症状？

农药可以通过呼吸道、皮肤、消化道进入高等动物体内而引起中毒，人畜农药中毒主要有急性中毒、亚急性中毒和慢性中毒等。急性中毒的症状主要有头昏、恶心、呕吐、抽搐、痉挛、呼吸困难、大小便失禁等。严重情况下，如不及时抢救，甚至会有生命危险。引起农药中毒的原因主要有误食农药或被农药污染的农产品、施药过程中经皮肤接触或呼吸道进入人体等。

92 农药中毒现场急救措施有哪些？

现场急救的目的是避免中毒者继续与毒物接触，采取常规急救措施维持中毒者生命，为下一步送医治疗争取时间。现场急救措施包括：①立即使中毒者脱离毒物，转移至空气新鲜处，使其呼吸通畅，保存农药标签，并尽快拨打急救电话寻求救助；②中毒人员皮肤和眼睛被农药污染后，要及时用大量清水冲洗；③误服农药后，要给中毒人员及时催吐；④中毒人员若出现惊厥、昏迷、呼吸困难、呕吐等情况，应将中毒人员舌头引向前方，保持呼吸畅通，使其仰卧，头后仰，以免吞入呕吐物，必要时对中毒人员进行人工呼吸；⑤尽快脱下中毒人员被农药污染的衣服和鞋袜，冲洗掉污染物，等待医护人员救援。

93 施药者使用农药时应遵守哪些要求？

①农药使用者应当严格按照农药标签标注的使用范围、使用方法和剂量、使用技术要求和注意事项使用农药，不得扩大使用范围、加大用药剂量或者改变使用方法；②农药使用者不得使用禁用农药；③标签标注安全间隔期的农药，在农产品收获前应当按照安全间隔期的要求停止使用；④剧毒、高毒农药不得用于防治卫生害虫，不得用于蔬菜、瓜果、茶叶、菌类、中草药材生产，不得用于水生植物的病虫害防治；⑤不得在饮用水水源保护区、河道内丢弃农药、农药包装物或者清洗施药器械；⑥严禁在饮用水水源保护区内使用农药，严禁使用农药毒害鱼、虾、鸟、兽等。

94 做好农药使用记录有哪些要求?

①农产品生产企业、食品和食用农产品仓储企业、专业化病虫害防治服务组织和从事农产品生产的农民专业合作社等应当建立农药使用记录,如实记录使用农药的时间、地点、对象以及农药名称、用量、生产企业等;②其他农药使用者也应当建立农药使用记录;③农药使用记录应当保存2年以上。

 95 经营农药有什么要求,农药经营者应具备哪些条件?

我国实行农药经营许可制度。除卫生用农药外,经营其他农药的,要向当地县级以上地方人民政府农业主管部门申请农药经营许可证,才可经营农药。

按照《农药管理条例》规定,农药经营者应具备的条件有:①有具备农药和病虫害防治专业知识,熟悉农药管理规定,能够指导安全合理使用农药的经营人员;②有与其他商品以及饮用水水源、生活区域等有效隔离的营业场所和仓储场所,并配备与所申请经营农药相适应的防护设施;③有与所申请经营农药相适应的质量管理、台账记录、安全防护、应急处置、仓储管理等制度。经营限制使用农药的,还应配备相应的用药指导和病虫害防治专业技术人员,并按照所在地省、自治区、直辖市人民政府农业主管部门的规定实行定点经营。

 96 哪些用药行为属于明令禁止?

农药使用者有下列行为之一的,由县级人民政府农业主管部门责令改正，农药使用者为农产品生产企业、食品和食用农产品仓储企业、专业化病虫害防治服务组织和从事农产品生产的农民专业合作社等单位的，处5万元以上10万元以下罚款，农药使用者为个人的，处1万元以下罚款；构成犯罪的，依法追究刑事责任：①不按照农药的标签标注的使用范围、使用方法和剂量、使用技术要求和注意事项、安全间隔期使用农药；②使用禁用的农药；③将剧毒、高毒农药用于防治卫生害虫，用于蔬菜、瓜果、茶叶、菌类、中草药材生产或者用于水生植物的病虫害防治；④在饮用水水源保护区

高毒农药　果菜禁用

已禁农药　使用违法

内使用农药；⑤使用农药毒鱼、虾、鸟、兽等；⑥在饮用水水源保护区、河道内丢弃农药、农药包装物或者清洗施药器械。

97　哪些情况下农药使用者可以向农药生产企业或农药经营者申请赔偿？

因某种农药使用造成使用者人身、财产受到损害的，农药使用者可以向农药生产企业要求赔偿，也可以向农药经营者要求赔偿。

第五部分
常用药剂介绍

98. 防治水稻主要病虫害常用药剂有哪些？

水稻螟虫：生物农药可选用苏云金杆菌、金龟子绿僵菌CQMa421。化学农药可选用氯虫苯甲酰胺、甲氧虫酰肼等。

稻纵卷叶螟：生物农药可选用苏云金杆菌、金龟子绿僵菌CQMa421、甘蓝夜蛾核型多角体病毒、球孢白僵菌、短稳杆菌。化学农药可选用氯虫苯甲酰胺、四氯虫酰胺、茚虫威、甲氨基阿维菌素等。

稻飞虱：生物农药可选用金龟子绿僵菌CQMa421、球孢白僵菌、苦参碱。化学农药可选用三氟苯嘧啶、吡蚜酮、烯啶虫胺、呋虫胺、氟啶虫酰胺、醚菊酯等。

稻瘟病：生物农药可选用枯草芽孢杆菌、春雷霉素、多抗霉素、申嗪霉素。化学农药可选用三环唑、稻瘟酰胺、稻瘟灵、嘧菌酯、肟菌酯、吡唑醚菌酯微囊剂、丙硫唑、咪鲜胺等。

稻曲病：生物农药可选用井冈·蜡芽菌、井冈霉素A（24%及以上高含量制剂）、申嗪霉素。化学农药可选用氟环唑、咪铜·氟环唑、苯甲·丙环唑等。

水稻纹枯病：生物农药可选用井冈·蜡芽菌、井冈霉素A（24%及以上高含量制剂）、申嗪霉素。化学农药可选用噻呋酰胺、氟环唑、咪铜·氟环唑、戊唑醇、己唑醇、嘧菌酯、肟菌酯等。

细菌性病害：生物农药可选用枯草芽孢杆菌、春雷霉素、中生菌素。化学农药可选用噻霉酮、噻唑锌、噻森铜、喹啉铜等。

此外，毒氟磷、宁南霉素可预防病毒病，赤·吲乙·芸薹、芸薹素内酯等植物生长调节剂可培育壮秧、促进水稻生长。

二化螟

稻纵卷叶螟

稻飞虱

稻曲病

防治小麦主要病虫害常用药剂有哪些？

小麦赤霉病：可选用氰烯菌酯、咪鲜胺、戊唑醇、多菌灵、甲基硫菌灵、福美双、枯草芽孢杆菌、井冈·蜡芽菌等。在赤霉病重发区，可选用丙硫菌唑、氟唑菌酰羟胺等新药，把握小麦抽穗扬花关键时期，见花打药，要用足药液量，施药后3～6小时内遇雨，雨后应及时补治。对多菌灵抗性高水平地区，应停止使用多菌灵、甲基硫菌灵，提倡轮换用药和混合用药。

小麦条锈病：可选用三唑酮、烯唑醇、戊唑醇、氟环唑、己唑醇、丙环唑、醚菌酯、吡唑醚菌酯、嘧啶核苷类抗菌素、烯肟·戊唑醇等。

小麦纹枯病：可选用戊唑醇、丙环唑、烯唑醇、噻呋酰胺、井冈霉素、多抗霉素、木霉菌、井冈·蜡芽菌等。

小麦白粉病：可选用三唑酮、烯唑醇、腈菌唑、丙环唑、氟环唑、戊唑醇、咪鲜胺、醚菌酯、烯肟菌胺等。

小麦吸浆虫：提倡小麦抽穗期成虫防治。防治用药可选用辛硫磷、毒死蜱、高效氯氟氰菊酯、氯氟·吡虫啉、敌敌畏·高效氯氰、呋虫胺等。重发区间隔3天连续用药2次，以确保效果。

蚜虫：可选用啶虫脒、吡虫啉、噻虫嗪、氟啶虫胺腈、抗蚜威、高效氯氟氰菊酯、苦参碱、耳霉菌等药剂喷雾防治，提倡释放蚜茧蜂等天敌昆虫进行生物防治。

麦蜘蛛：可采用捕食螨进行生物防治，药剂防治可选用阿维菌素、哒螨灵、螺螨酯、联苯菊酯、联苯肼酯等喷雾。

小麦赤霉病

小麦条锈病

小麦白粉病

小麦蚜虫危害状

 100 **防治玉米主要病虫害常用药剂有哪些？**

玉米叶斑病：可选用苯醚甲环唑、烯唑醇、吡唑醚菌酯等。

玉米纹枯病：可选用井冈霉素A、菌核净、烯唑醇、代森锰锌等。

玉米根腐病、丝黑穗病和茎腐病：可选用精甲霜灵·咯菌腈、苯醚甲环唑、吡唑醚菌酯或戊唑醇进行种子包衣。

玉米螟：生物农药可选用苏云金杆菌、白僵菌等，化学农药可选用四氯虫酰胺、氯虫苯甲酰胺、高效氯氟氰菊酯、甲氨基阿维菌素苯甲酸盐等。

棉铃虫：生物农药可选用螟黄赤眼蜂、苏云金杆菌、甘蓝夜蛾核型多角体病毒、棉铃虫核型多角体病毒等，化学农药可选用甲氨基阿维菌素苯甲酸盐、氯虫苯甲酰胺等。

黏虫：可选用甲氨基阿维菌素苯甲酸盐、氯虫苯甲酰胺、高效氯氟氰菊酯等。

双斑长跗萤叶甲：可选用吡虫啉、噻虫嗪、高效氯氟氰菊酯、氯氰菊酯等。

蚜虫：可选用噻虫嗪种衣剂包衣，对后期玉米蚜虫具有很好的控制作用，田间发生时可选用噻虫嗪、吡虫啉、吡蚜酮等。

叶螨：可选用哒螨灵、噻螨酮、克螨特、阿维菌素、螺螨酯等。

二点委夜蛾：可选用含丁硫克百威、溴氰虫酰胺等药剂成分的种衣剂进行种子包衣。田间防治可选用氯虫苯甲酰胺、甲氨基阿维菌素苯甲酸盐等。

地下害虫及蓟马、蚜虫、灰飞虱、甜菜夜蛾、黏虫、棉铃虫等苗期害虫，利用含有噻虫嗪、吡虫啉、氯虫苯甲酰胺、溴氰虫酰胺和丁硫克百威等成分的种衣剂进行种子包衣。

玉米叶斑病

玉米螟（姚明辉摄）

棉铃虫幼虫（姚明辉摄）　　　　棉铃虫成虫（杨静摄）

双斑长跗萤叶甲（姚明辉摄）　　　玉米蚜虫（姚成辉摄）

二点委夜蛾幼虫（苏翠芬摄）　二点委夜蛾成虫（彭俊英摄）

101. 防治马铃薯主要病虫害常用药剂有哪些？

马铃薯晚疫病：在植株封垄前选用代森锰锌、丙森锌、氟啶胺、氰霜唑、枯草芽孢杆菌等保护性杀菌剂进行全田喷雾处理；进入流行期后，选用烯酰吗啉、氟吗啉·代森锰锌、霜脲氰·噁唑菌酮、氟菌·霜霉威、霜脲·嘧菌酯、嘧菌酯、氟噻唑吡乙酮、氟噻唑吡乙酮·噁唑菌酮、氟吡菌胺·霜霉威等药剂进行防控。

马铃薯早疫病：发病初期喷施保护性杀菌剂，如丙森锌、代森锰锌等药剂 1 ～ 2 次，发病较重时，用丙环唑、嘧菌酯、啶酰菌胺、烯酰·吡唑酯、苯醚甲环唑·嘧菌酯等药剂防治。

马铃薯黑痣病和枯萎病：①种薯处理。选用甲基硫菌灵等药剂拌种，也可使用咯菌腈悬浮剂或精甲霜灵·咯菌腈悬浮剂进行种薯包衣。②药剂防治。选用嘧菌酯、噻呋酰胺、氟唑菌苯胺、氟酰胺·嘧菌酯进行播前沟施。同时使用芽孢杆菌类微生物菌剂或菌肥。

马铃薯疮痂病：①药剂沟施。播前沟施寡雄腐霉、五氯硝基苯＋氟啶胺，同时施用枯草芽孢杆菌生物菌剂和菌肥。②生

长期药剂防治。在结薯初期和块茎膨大期滴灌或喷淋2～3次寡雄腐霉。

马铃薯黑胫病和青枯病：用春雷霉素、氧氯化铜、碱式硫酸铜或噻霉酮等药剂滴灌或喷淋。

马铃薯病毒病：生长期根据蚜虫和蓟马发生情况，采用吡虫啉等药剂加矿物油进行喷雾防治，防止媒介传毒。

地下害虫：主要包括金针虫、地老虎、蛴螬、蝼蛄等。①生物防治。播种时可选用绿僵菌或白僵菌、苏云金杆菌等生物制剂混土处理。②化学防治。可选用溴氰菊酯喷雾；在成虫出土前，用辛硫磷拌土地面撒施。

二十八星瓢虫：①生物防治。可选用白僵菌等微生物农药或释放天敌防治。②化学防治。在卵孵化盛期至三龄幼虫分散前，选用高效氯氟氰菊酯等进行叶面喷雾。

蚜虫：①生物防治。用苦参碱、除虫菊等生物药剂防治。②化学防治。用吡虫啉、噻虫嗪等药剂喷雾防治。

马铃薯块茎蛾：在卵孵化盛期至二龄幼虫分散前进行药剂防治，可选氨基甲酸酯类或拟除虫菊酯（或与其他生物农药混合使用）进行叶面喷雾。

马铃薯晚疫病

马铃薯早疫病

马铃薯黑痣病

马铃薯青枯病　　　　　　二十八星瓢虫（宣梅摄）

102 防治棉花主要病虫害常用药剂有哪些？

苗期病害：可选用枯草芽孢杆菌、多抗霉素、噁霉灵等药剂控制。

棉花枯萎病、黄萎病：发病前或初见病时用药，叶面喷施与喷淋灌根相结合，及时用药控制病情，可以选用枯草芽孢杆菌、多菌灵、甲基硫菌灵等药剂灌根，加入磷酸二氢钾、硼锌肥、氨基酸肥等营养剂可以增强防治效果。

棉花烂铃病：在开花期后30～35天开始喷施代森锌、多菌灵、波尔多液、碱式硫酸铜等杀菌剂。

棉蚜：可以选用氟啶虫胺腈、噻虫嗪、呋虫胺、氟啶虫酰胺、吡蚜酮、吡虫啉等药剂喷雾防治。

棉叶螨：螨株率低于15%时挑治，超过15%时全田防治，可选用阿维菌素、哒螨灵、炔螨特、联苯肼酯、乙螨唑、虱螨脲、丁醚脲、联苯菊酯等药剂。

棉盲蝽：大田百株若虫量达到3头时，可以选用高效氯氰菊酯、马拉硫磷、吡虫啉、啶虫脒、丙溴磷、辛硫磷等药剂喷雾防治。

地老虎：采用糖酒醋液于产卵之前诱杀成虫，成虫始见期开始，设置性诱剂挥散芯和干式飞蛾诱捕器诱杀成虫，压低基数。

棉铃虫：生物药剂可选用棉铃虫核型多角体病毒、甘蓝夜蛾核型多角体病毒、苏云金杆菌（抗虫棉田禁用）、短稳杆菌等。化学药剂可选用甲氨基阿维菌素苯甲酸盐、除虫脲、虱螨脲、氟铃脲、氟啶脲、茚虫威、多杀霉素等。

棉花烂铃病　　　　　　　　　棉盲蝽危害状（潘小花摄）

棉蚜危害状　　　　　　　　　　　棉铃虫

103 防治茶树主要病虫害常用药剂有哪些？

茶饼病：可在发病初期连续喷施苯醚甲环唑或吡唑醚菌酯等药剂，用药间隔 7 ～ 10 天。

茶炭疽病：可选用苯醚甲环唑、吡唑醚菌酯等进行防治。

茶小绿叶蝉：可选用印楝素、藜芦碱、茶皂素、呋虫胺、茚虫威、联苯菊酯、虫螨腈、唑虫酰胺等进行防治。

灰茶尺蠖（茶尺蠖）：生物农药可选用茶尺蠖病毒、茶核·苏云金、短稳杆菌、苦参碱等。化学农药可选用溴氰菊酯、高效氯氰菊酯、联苯·甲维盐等。

茶毛虫：虫口基数达到或超过防治指标时，可选用苦参碱、短稳杆菌、高效氯氰菊酯、联苯·甲维盐等进行喷施。

茶橙瘿螨：在茶橙瘿螨发生高峰前期，可选用藜芦碱、矿物油进行防治。

黑刺粉虱：第一代幼虫孵化盛期，可喷施噻虫嗪·联苯、溴氰菊酯等药剂。秋季在越冬虫口偏高田块可用石硫合剂、矿物油等进行封园。

茶黄蓟马：适时分批勤采，恶化其营养条件和庇护场所，带走部分卵、若虫和成虫。以信息素＋蓝色诱虫板或信息素＋黄绿色诱虫板诱杀成虫。结合茶小绿叶蝉和灰茶尺蠖等主要害虫的防治进行兼治。

茶跗线螨：防治药剂可用乳油、矿物油。非采摘茶园或秋后封园，可喷施石硫合剂、矿物油等。

茶饼病

茶小绿叶蝉

茶毛虫危害状

黑刺粉虱

茶黄蓟马危害状

茶跗线螨危害状

104 防治油菜菌核病常用药剂有哪些?

菌核病发生初期，采用盾壳霉、木霉菌或地衣芽孢杆菌等生物菌剂防治。化学农药可选用咪鲜胺、菌核净、啶酰菌胺、甲基硫菌灵、氟唑菌酰羟胺、异菌脲、多菌灵、腐霉利等适时防控。注意轮换用药以避免出现抗药性。

油菜菌核病

105 防治保护地蔬菜害虫常用生物农药有哪些?

通常在害虫点片发生或发生初期施药，优选微生物源或植物源杀虫剂、杀螨剂。粉虱类可选用矿物油、球孢白僵菌、藜芦碱等药剂，害螨类可选用矿物油、苦参碱等药剂，蚜虫类可选用除虫菊素、除虫菊·苦参碱、苦参碱、鱼藤酮等药剂，蓟马类可选用多杀霉素、球孢白僵菌、金龟子绿僵菌等药剂，鳞翅目害虫可选用短稳杆菌、苏云金杆菌、印楝素、核型多角体病毒等药剂。

106. 防治蔬菜害虫常用药剂有哪些？

小菜蛾、斜纹夜蛾、甜菜夜蛾：可选用的生物农药有苏云金杆菌、短稳杆菌、小菜蛾颗粒体病毒、甘蓝夜蛾核型多角体病毒、斜纹夜蛾核型多角体病毒、苜蓿银纹夜蛾核型多角体病毒、甜菜夜蛾核型多角体病毒等药剂。可选用的化学农药有甲氨基阿维菌素苯甲酸盐、阿维菌素、多杀霉素、乙基多杀菌素、甲氧虫酰肼、茚虫威、氯虫苯甲酰胺、溴氰虫酰胺等。

烟粉虱、白粉虱：可选用的生物药剂有金龟子绿僵菌、耳霉菌、藜芦碱等。可选用的化学农药有螺虫乙酯、双丙环虫酯、联苯菊酯、啶虫脒、噻虫嗪、呋虫胺、甲氨基阿维菌素苯甲酸盐、吡虫啉、吡丙醚等。

蓟马：生物农药可选用金龟子绿僵菌、球孢白僵菌、藜芦碱等。化学农药可选用乙基多杀菌素、多杀霉素、甲氨基阿维菌素苯甲酸盐、虫螨腈、呋虫胺、噻虫胺、噻虫嗪、吡虫啉、啶虫脒、杀虫环等。

小菜蛾危害状

斜纹夜蛾　　　　　　　甜菜夜蛾危害状

烟粉虱、白粉虱危害状

蓟马

103

107 北方果树腐烂病怎样防治，常用药剂有哪些？

①预防侵染。采果后至落叶前，全树（树干、大枝、枝杈处）喷施具有内吸治疗作用的苯醚甲环唑等杀菌剂1次。萌芽至幼果期，是病菌孢子传播侵染高峰期，应选用戊唑醇、吡唑醚菌酯、噻霉酮或寡雄腐霉等药剂，高浓度涂刷果树主干和大枝基部2次，间隔10～15天，预防病菌侵染。涂药前刮除树体粗老翘皮，效果更好。②病树与病斑治疗。发现病斑要及时刮除，病斑越小越容易治愈。刮除病斑的伤口应及时涂抹药剂如丁香菌酯、甲基硫菌灵等消毒和促进伤口愈合。主干上刮治伤疤太大、太多的树应利用桥接技术保障养分的正常输送。③防控其他病虫。做好早期落叶病、叶螨、黑星病等病虫害的防控，防止与腐烂病协同发生加重危害。

108 防治柑橘主要病虫害常用药剂有哪些？

柑橘砂皮病（树脂病）： 可选用的农药有咪鲜胺、氟硅唑、啶氧菌酯·克菌丹、吡唑醚菌酯、唑醚·戊唑醇、克菌丹、氟啶胺、苯甲·锰锌等。

柑橘溃疡病： 可选用的生物农药有枯草芽孢杆菌、春雷霉素、甲基营养型芽孢杆菌LW-6、寡糖·链蛋白等。可选用的化学农药有春雷·王铜、噻霉酮、噻唑锌、噻森铜、喹啉铜、碱式硫酸铜、氢氧化铜、王铜、络氨铜、硫酸铜钙等。

柑橘红蜘蛛： 可选用的生物农药有d-柠檬烯。可选用的化学农药有乙唑螨腈、阿维菌素、联苯肼酯、乙螨唑、螺螨酯、螺虫乙酯、炔螨特、唑螨酯、哒螨灵、噻螨酮、单甲脒、双甲脒、矿物油、四螨嗪、联苯菊酯、丁醚脲、丁氟螨酯、氟啶胺等。

柑橘木虱：可选用的农药有噻虫嗪、吡丙醚、联苯菊酯、氟吡呋喃酮、螺虫乙酯、喹硫磷、高效氟氯氰菊酯、虱螨脲等。

柑橘潜叶蛾：可选用的农药有高效氯氰菊酯、高效氟氯氰菊酯、氰戊菊酯、联苯菊酯、甲氰菊酯、阿维菌素、虫螨腈、四唑虫酰胺、氟虫脲、吡虫啉、啶虫脒、杀螟丹、氟啶脲、杀铃脲、虱螨脲、印楝素等。

橘小实蝇：可选用的农药有噻虫嗪、吡虫啉、阿维菌素、甲氨基阿维菌素苯甲酸盐等。

柑橘砂皮病　　　　　　　　柑橘溃疡病

柑橘红蜘蛛　　　　　　　　柑橘木虱

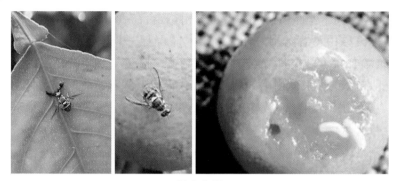

橘小实蝇

橘小实蝇产卵孔

109 草地贪夜蛾怎样防治，常用药剂有哪些？

①种子处理：选择含有氯虫苯甲酰胺等成分的种衣剂实施种子统一包衣，防治苗期草地贪夜蛾。②生物防治：在卵孵化初期选择喷施苏云金杆菌、球孢白僵菌、金龟子绿僵菌、多杀霉素、印楝素、甘蓝夜蛾核型多角体病毒等生物农药，或者释放螟黄赤眼蜂、玉米螟赤眼蜂、松毛虫赤眼蜂等寄生性天敌和东亚小花蝽、益蝽等捕食性天敌昆虫防治。③化学防治：可选用甲氨基阿维菌素苯甲酸盐、氯虫苯甲酰胺、乙基多杀菌素、茚

虫威、虱螨脲等，及时开展科学防治，注意轮换用药和安全用药。

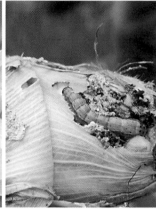

草地贪夜蛾

草地贪夜蛾危害状

草地贪夜蛾专用诱捕器

110 水稻田除草剂怎样科学安全使用？

因地域、种植方式的不同，稻田杂草的化学防除策略和除草剂品种有一定差异。

　　（1）机插秧田。在东北稻区灌溉用水充足的稻田，杂草防控采用"两封一杀"策略，插秧前和插秧后各采用土壤封闭处理 1 次，插秧后 20 天视草情选择是否进行 1 次茎叶喷雾处理；在灌溉用水紧缺的稻田，杂草防控采用"一封一杀"策略，插秧后土壤封闭处理 1 次，插秧后 20 天茎叶喷雾处理 1 次。插秧前 3 ～ 7 天选用丙草胺、丙炔噁草酮、莎稗磷、吡嘧磺隆、乙氧氟草醚等药剂轮换使用进行土壤封闭处理；插秧后 10 ～ 12 天（返青后），选用丙草胺、苯噻酰草胺、莎稗磷、五氟磺草胺、吡嘧磺隆、苄嘧磺隆、嗪吡嘧磺隆等药剂轮换使用进行土壤封闭处理；插秧后 20 天左右，选用五氟磺草胺、氰氟草酯、二氯喹啉酸、噁唑酰草胺等药剂轮换使用防治稗草等禾本科杂草，选用氯氟吡啶酯、2 甲 4 氯钠、灭草松等药剂轮换使用防治野慈姑、雨久花、扁秆藨草等阔叶杂草和莎草科杂草。在长江流域及华南稻区机插秧田，杂草防控采用"一封一杀"策略。早稻插秧时气温较低，缓苗较慢，选择在插秧后的 7 ～ 10 天，秧苗返青活棵后选用丙草胺、苯噻酰草胺、五氟磺草胺、苄嘧磺隆、吡嘧磺隆等药剂轮换使用进行土壤封闭处理，后期根据田间杂草发生情况进行茎叶喷雾处理，选用氰氟草酯、噁唑酰草胺、双草醚、氯氟吡啶酯、二氯喹啉酸等药剂轮换使用防治稗草、千金子等禾本科杂草，选用 2 甲 4 氯钠、吡嘧磺隆、灭草松等药剂轮换使用防治鸭舌草、耳叶水苋、异型莎草等阔叶杂草及莎草科杂草。中晚稻在插秧前 1 ～ 2 天或插秧后 5 ～ 7 天选用丙草胺、苄嘧磺隆、吡嘧磺隆、嗪吡嘧磺隆、苯噻酰草胺等药剂轮换使用进行土壤封闭处理；插秧后 15 ～ 20 天，选用五氟磺草胺、氰氟草酯、二氯喹啉酸、噁唑酰草胺等药剂轮换使用防治稗草、千金子等禾本科杂草，选用吡嘧磺隆、2 甲 4 氯钠、氯氟吡啶酯、灭草松等药剂轮换使用防治鸭舌草、耳叶水苋、异型莎草等阔叶杂草及莎草科杂草。

（2）水直播稻田。在长江流域及华南水直播稻田，杂草防控采用"一封一杀"策略。在气候条件适宜的情况下，播后1～3天，选用丙草胺、苄嘧磺隆等药剂及其复配制剂进行土壤封闭处理；如果在播种后天气条件不适宜，可将土壤封闭处理的时间推后，选用五氟磺草胺、丙草胺等药剂及其复配制剂采取封杀结合的方式进行处理。在第一次用药后，早稻间隔18～20天，中晚稻间隔12～15天，选用氰氟草酯、噁唑酰草胺、五氟磺草胺、氯氟吡啶酯、双草醚等药剂轮换使用防治稗草、千金子等禾本科杂草，选用苄嘧磺隆、吡嘧磺隆、2甲4氯钠、灭草松等药剂轮换使用防治鸭舌草、丁香蓼、异型莎草等阔叶杂草及莎草科杂草。

（3）旱直播稻田。在长江流域旱直播稻田，杂草防控采用"一封一杀（一补）"策略。播后苗前选用丙草胺、噁草酮、二甲戊灵等药剂及其复配制剂进行土壤封闭处理，第一次药后15～20天选用五氟磺草胺、噁唑酰草胺、氰氟草酯、氯氟吡啶酯等药剂轮换使用防治稗草、千金子、马唐等禾本科杂草，选用2甲4氯钠、灭草松、氯氟吡啶酯等药剂轮换使用防治鸭舌草、丁香蓼、异型莎草等阔叶杂草及莎草。根据田间残留草情，选用茎叶处理除草剂进行补施处理。在西北旱直播稻田，杂草防控采用"一封一杀"策略。播后苗前选用仲丁灵及其复配制剂进行土壤封闭处理，在水稻2～3叶期选用五氟磺草胺、氰氟草酯、噁唑酰草胺等药剂轮换使用防治稗草、马唐等禾本科杂草，选用吡嘧磺隆、2甲4氯钠、灭草松等药剂轮换使用防治鸭舌草、泽泻、异型莎草等阔叶杂草和莎草科杂草。

（4）人工移栽及抛秧稻田。杂草防控采用"一次封（杀）"策略。在秧苗返青后，杂草出苗前，选用丙草胺、苯噻酰草胺、苄嘧磺隆、吡嘧磺隆、嗪吡嘧磺隆等药剂轮换使用进行土壤封闭处理；或者在杂草2～3叶期，根据杂草发生情况轮换使用药剂进行茎叶喷雾处理，药剂品种选择同机插秧田。

111 小麦田除草剂怎样科学安全使用？

因地域、播种季节和轮作方式的不同，麦田杂草的化学防除策略和除草剂品种有一定差异。秋季茎叶处理宜在杂草出苗前或基本出齐时进行；春后杂草防治严格掌握在小麦拔节前用药。

（1）冬小麦种植区。在江淮流域水旱轮作麦田，杂草基数较大，杂草防控采用"一封一杀"策略。播后苗前，选用异丙隆、氟噻草胺等药剂及其复配制剂进行土壤封闭处理。小麦3～6叶期、杂草3～4叶期（秋季或早春），选用唑啉草酯、炔草酯、氟唑磺隆、啶磺草胺、环吡氟草酮、精噁唑禾草灵等药剂轮换使用防治日本看麦娘、看麦娘，选用甲基二磺隆与异丙隆复配制剂防治菵草、硬草，选用氯氟吡氧乙酸、灭草松、苯磺隆、氟氯吡啶酯、双氟磺草胺等药剂轮换使用防治猪殃殃、牛繁缕等阔叶杂草。

在黄河流域旱旱轮作麦田，土壤封闭处理除草效果较差，杂草防控采用"一杀一补"策略。在小麦3～5叶期（秋季），选用甲基二磺隆防治节节麦，选用啶磺草胺、氟唑磺隆及其复配制剂防治雀麦，选用唑啉草酯、炔草酯等药剂及其复配制剂防治野燕麦、多花黑麦草，选用双氟磺草胺、2甲4氯钠、氯氟吡氧乙酸、唑草酮、双唑草酮等药剂轮换使用防治播娘蒿、荠菜。翌年春季根据杂草发生情况，补施2,4-滴异辛酯、氯氟吡氧乙酸、双氟磺草胺、唑草酮等药剂及其复配制剂。

（2）春小麦种植区。该区通常土壤干旱，土壤封闭处理除草效果差，杂草防控采用苗后"一次杀除"策略。在春小麦3～5叶期，选用甲基二磺隆、氟唑磺隆轮换使用防治雀麦，选用炔草酯、唑啉草酯、野麦畏等药剂轮换使用防治野燕麦，选用氯氟吡氧乙酸、苯磺隆、唑草酮、2甲4氯钠等药剂轮换使用防治猪殃殃、藜等阔叶杂草。

小麦田间杂草

112 玉米田除草剂怎样科学安全使用？

因地域、播种季节和轮作方式的不同，玉米田杂草的化学防除策略和除草剂品种有一定差异。莠去津属于长残留除草剂，使用量应控制在每亩38克（按有效成分量计算）以下。使用过莠去津的玉米田,要谨慎选择下茬作物,以防产生药害。

(1)春玉米种植区。北方一年一熟玉米种植区,在播种季节土壤墒情较好的地块,杂草防控采用"一封一杀"策略;在土壤墒情差、降雨少、沙性土壤的地块,杂草防控采用"一杀一补"策略。播后苗前,选用乙草胺、异丙甲草胺、异丙草胺、唑嘧磺草胺、噻吩磺隆、噻酮磺隆、2,4-滴异辛酯、异噁唑草酮等药剂轮换使用进行土壤封闭处理。在玉米3~5叶期,杂草2~6叶期,选用烟嘧磺隆、硝磺草酮、苯唑草酮、苯唑氟草酮、噻酮磺隆、莠去津等药剂轮换使用防治稗草、马唐、野黍等禾本科杂草,选用氯氟吡氧乙酸、辛酰溴苯腈、特丁津、硝磺草酮等药剂轮换使用防治鸭跖草、反枝苋、苘麻等阔叶杂草。

(2)夏玉米种植区。黄淮海、南方玉米种植区,玉米在

玉米田杂草

小麦（油菜）收获后贴茬免耕种植，杂草防控采用"一盖一杀"或"一封一杀"策略。小麦（油菜）收获后，采取秸秆田间粉碎覆盖，免耕播种夏玉米。无秸秆覆盖的田块播后苗前选用乙草胺（异丙甲草胺、异丙草胺）＋莠去津（氰草津、特丁津、唑嘧磺草胺、异噁唑草酮）桶混进行土壤封闭处理。在玉米3～5叶期，杂草2～6叶期，选用烟嘧磺隆、硝磺草酮、苯唑草酮、苯唑氟草酮、噻酮磺隆、莠去津等药剂轮换使用防治稗草、马唐等禾本科杂草，选用氯氟吡氧乙酸、辛酰溴苯腈、特丁津、硝磺草酮等药剂轮换使用防治反枝苋、藜等阔叶杂草。

113 大豆玉米带状复合种植田除草剂如何科学安全使用？

采取"封定结合"的杂草防除策略，即播后芽前封闭与苗后定向茎叶喷药相结合的方法防除杂草，优先选择芽前封闭除草，减轻苗后除草压力，苗后定向除草要抓住出苗后1～2周杂草防除关键期。

带状间作区在播后苗前，对于以禾本科杂草为主的田块，用96％精异丙甲草胺乳油进行封闭除草，对于单、双子叶杂草混合发生的田块，可选用96％精异丙甲草胺乳油＋80％唑嘧磺草胺水分散粒剂（75％噻吩磺隆水分散粒剂）兑水喷雾。带状套作区如果玉米行间杂草较多，在大豆播前4～7天，先用微耕机灭茬后，再选用50％乙草胺乳油＋41％草甘膦水剂兑水定向喷雾，注意不要将药液喷施到玉米茎、叶上，以免发生药害。

芽前除草效果不好的田块，在玉米、大豆苗后早期应及时喷施茎叶处理除草剂，喷药时间一般在大豆2～3片复叶、玉米

3～5叶期，杂草2～5叶期，根据当地草情，在植保技术人员指导下，选择玉米、大豆专用除草剂实施茎叶定向除草。除草时间过早或过晚均容易发生药害或者降低药效。苗后除草要严格做好两个作物间的隔离，严防药害。后期对于难防杂草可以人工拔除。在选择茎叶处理除草剂时，要注意选用对邻近作物和下茬作物安全性高的除草剂品种。

114 大豆玉米带状复合种植田病虫害如何高效防治？

（1）播种期。选择适合的耐密、耐阴抗病虫品种，合理密植，做好种子处理，预防病虫害。种子处理以防治大豆根腐病、玉米茎腐病等土传、种传病害和地下害虫、草地贪夜蛾、蚜虫等苗期害虫为主，选择含有精甲·咯菌腈、丁硫·福美双、噻虫嗪·噻呋酰胺等成分的种衣剂进行种子包衣或拌种。不同区域应根据当地主要病虫种类选择相应的药剂进行种子处理，必要时可对包衣种子进行二次拌种，以弥补原种子处理配方的不足。

（2）苗期—玉米抽雄期（大豆分枝期）。重点防治玉米螟、桃蛀螟、蚜虫、烟粉虱、红蜘蛛、玉米叶斑病、大豆锈病、豆秆黑潜蝇、斜纹夜蛾等。一是采取理化诱控措施，在玉米螟、桃蛀螟、斜纹夜蛾等成虫发生期使用杀虫灯结合性诱剂诱杀害虫；二是采用生物防治措施，针对棉铃虫、斜纹夜蛾、金龟子（蛴螬成虫）等害虫，自田间出现害虫开始，优先选用苏云金杆菌、球孢白僵菌、甘蓝夜蛾核型多角体病毒、金龟子绿僵菌等生物制剂进行喷施防治；三是采用化学防治措施，在棉铃虫、斜纹夜蛾、桃蛀螟、蚜虫、红蜘蛛等害虫发生初期，选用四氯虫酰胺、甲氨基阿维菌素苯甲酸盐、乙基多杀菌素、茚虫威等杀虫剂喷雾防治，根据玉米叶斑类病害、大豆锈病等病害发生

情况，选用吡唑醚菌酯、戊唑醇等杀菌剂喷雾防治。

（3）开花—成熟期。根据玉米大斑病、玉米小斑病、玉米锈病、玉米褐斑病、钻蛀性害虫，大豆锈病、大豆叶斑病、豆荚螟、大豆食心虫、点蜂缘蝽、斜纹夜蛾等发生情况，针对性选用枯草芽孢杆菌、井冈霉素 A、苯醚甲环唑、丙环·嘧菌酯等杀菌剂和氯虫苯甲酰胺、高效氯氟氰菊酯、溴氰菊酯、噻虫嗪等杀虫剂，兼治玉米、大豆病虫害。玉米生长后期宜利用高杆喷雾机或植保无人机进行防治。

>>> 附 录
与农药科学使用相关的法规政策文件

农药管理条例

农作物病虫害
防治条例

农药包装废弃物
回收处理
管理办法

农作物病虫害
专业化防治
服务管理办法